經濟部技術處111年度專案計畫

2022資訊硬體產業年鑑

中華民國111年8月31日

序

　　2021 上半年 COVID-19 疫情影響全球經濟發展，各國持續執行防疫政策，促使雲端服務、遠距上班、影音串流等應用持續發展。下半年部分歐美先進國家疫苗施打較為迅速，開始執行與病毒共存的政策，對於以遠距教學為主要動能的教育標案而言，市場銷售開始收斂，然而也同步促使整體消費市場及商用市場，逐步復甦。

　　回顧 2021 年臺灣資訊硬體產業發展，因多種終端產品對晶片需求快速提升，然半導體產能供給無法於短期內有效配合，使得資訊硬體產品出貨也受到全球晶片缺料的影響。除此之外，疫情造成全球塞港、缺櫃等現象，使資訊硬體生產出現長短料而使訂單遞延。因此我國資訊硬體廠商積極配合全球供應鏈重組，動態調整生產規劃並積極擴充不同地區的產線，分散風險並塑造高強度的韌性，如何更加彈性地進行生產，成為臺灣資訊硬體產業的重要議題。

　　為協助我國產業界了解 2021 年全球資訊產品產業發展動態，並掌握關鍵趨勢走向，在經濟部技術處產業技術基磐研究與知識服務計畫的支持下，由資策會產業情報研究所彙整編纂《2022 資訊硬體產業年鑑》，詳實記載臺灣資訊硬體產業在 2021 年的發展成果，並分析全球主要資訊市場的發展狀況、關鍵議題及新興應用產品的發展趨勢，提供產官學研各界完整而深入的資訊，以作為後續發展策略之參考依據。

　　感謝經濟部技術處與各研究機構的協助，致本年鑑順利付梓。期許《2022 資訊硬體產業年鑑》的出版，能幫助各界瞭解產業典範移轉過程的完整脈絡，對我國資訊硬體產業朝向數位轉型方向邁進有所助益。

財團法人資訊工業策進會　執行長

中華民國111年7月

編者的話

《2022 資訊硬體產業年鑑》收錄臺灣 2021 年資訊硬體產業狀況與發展趨勢分析，邀請資訊硬體領域多位專業產業分析人員共同撰寫，內容彙集臺灣資訊硬體產業近期的總體環境變化、全球與各區域主要資訊硬體市場以及產業的發展狀況，亦針對市場及產業的未來發展趨勢進行預測分析。期盼能提供給企業、政府，以及學術機構之決策和研究者，作為實用的參考書籍。

本年鑑以資訊硬體產業為研究主軸，主要探討四大類型產品包括桌上型電腦、筆記型電腦（含迷你筆記型電腦）、伺服器、主機板之發展狀況與趨勢；另亦針對產業面對全球政經環境變化如中國大陸實施能耗雙控政策、美中科技戰驅動供應鏈移動等，及科技趨勢下的重點議題如自研晶片、雲端資料中心等，進行探討。本年鑑內容總共分為六章，茲將各篇章之內容重點分述如下：

第一章：總體經濟暨產業關聯指標。該章內容包含經濟重要統計指標以及資訊硬體產業重要統計數據，透過數據背後意義的闡述，使讀者能夠正確地掌握 2021 年資訊硬體產業總體環境狀況。

第二章：資訊硬體產業總覽。該章概述全球與臺灣資訊硬體產業發展狀況，包括整體產業產值、市場發展動態主要產品產銷表現及市場占有率等，讓讀者得以快速掌握資訊硬體產業發展脈動。

第三章：全球資訊硬體市場個論。該章內容係探討四大類型產品，包括全球與主要地區之個別產品市場規模等，以協助讀者掌握全球資訊硬體市場的發展脈動。

第四章：臺灣資訊硬體產業個論。該章內容係探討四大類型產品之臺灣產業發展狀況與趨勢，包括主要產品產量與產值，產

品規格型態變化等，以協助讀者掌握臺灣資訊硬體產業的發展脈動。

第五章：焦點議題探討。該章從能耗雙控、供應鏈移動、自研晶片、雲端資料中心等新興議題，提供讀者相關分析及資訊產品之情報。

第六章：未來展望。該章內容係分析全球與臺灣資訊硬體產業整體發展趨勢，包括市場規模、市場占有率及未來產值趨勢預測等，希望輔助讀者未雨綢繆以預先進行策略規劃的調整。

附　　錄：內容收錄研究範疇與產品定義、資訊硬體產業重要大事紀，以及中英文專有名詞縮語／略語對照表，提供各界作為對照查詢與補充參考之用。

　　本年鑑感謝相關產業分析人員的全力配合，得以共同完成著作，使年鑑得以如期順利出版；惟內容涉及之產業範疇甚廣，若有疏漏或偏頗之處，懇請讀者不吝指教，俾使後續的年鑑內容更加適切與充實。

《2022資訊硬體產業年鑑》編纂小組　謹誌

中華民國111年7月

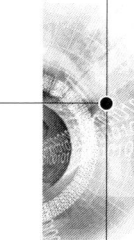

目 錄

第一章　總體經濟暨產業關聯指標 1
　　一、全球經濟重要指標 1
　　二、臺灣經濟重要指標 3

第二章　資訊硬體產業總覽 9
　　一、產業範疇與定義 9
　　二、全球產業總覽 9
　　三、臺灣產業總覽 11

第三章　全球資訊硬體市場個論 19
　　一、全球桌上型電腦市場分析 19
　　二、全球筆記型電腦市場分析 25
　　三、全球伺服器市場分析 31
　　四、全球主機板市場分析 36

第四章　臺灣資訊硬體產業個論 43
　　一、臺灣桌上型電腦產業現況與發展趨勢分析 43
　　二、臺灣筆記型電腦產業狀況與發展趨勢分析 48
　　三、臺灣伺服器產業狀況與發展趨勢分析 54
　　四、臺灣主機板產業現況與發展趨勢分析 62

第五章　焦點議題探討 67
　　一、中國大陸「能耗雙控」政策對臺灣資訊硬體產業之影響 67
　　二、我國資訊硬體產業供應鏈移動現況分析 78

I

三、國際大廠發展自研晶片之意涵分析 92

　　四、雲端服務供應商於資料中心布局動態觀測 103

第六章　未來展望 125

　　一、全球資訊硬體市場展望 125

　　二、臺灣資訊硬體產業展望 129

附錄 135

　　一、範疇定義 135

　　二、資訊硬體產業重要大事紀 137

　　三、中英文專有名詞縮語／略語對照表 138

　　四、參考資料 140

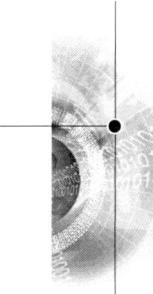

Table of Contents

Chapter 1　　Macroeconomic and Industrial Indicators 1
　　1. Global Economic Indicators 1
　　2. Taiwan Economic Indicators 3
Chapter 2　　ICT Industry Overview 9
　　1. Scope and Definitions 9
　　2. Global ICT Industry 9
　　3. Taiwan ICT Industry 11
Chapter 3　　Global ICT Hardware Market Overview 19
　　1. Desktop PC Market Analysis 19
　　2. Notebook PC Market Analysis 25
　　3. Server Market Analysis 31
　　4. Motherboard Market Analysis 36
Chapter 4　　Taiwan ICT Hardware Industry Overview 43
　　1. Desktop PC Industry Status and Development Trends 43
　　2. Notebook PC Industry Status and Development Trends 48
　　3. Server Industry Status and Development Trends 54
　　4. Motherboard Industry Status and Development Trends 62
Chapter 5　　Key Issues and Highlights 67
　　1. The Impact of China's "Dual Control of Energy Consumption" Policy on the Taiwan ICT Industry 67
　　2. Analysis of the Taiwan ICT Supply Chain Shift 78
　　3. Implications Behind Leading Brands' Decision to Develop Chips in-

  house 92

  4. Deployment of Cloud Service Providers in Data Centers 103

Chapter 6 Outlook for the ICT Industry 125

  1. Global ICT Hardware Market 125

  2. Taiwan ICT Hardware Market 129

Appendix 135

  1. Scope and Definitions 135

  2. ICT Hardware Industry Milestones 137

  3. List of Abbreviations 138

  4. References 140

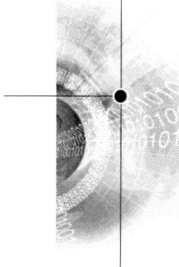

圖目錄

圖 2-1	2014-2021年全球資訊硬體產業產值	10
圖 2-2	2014-2021年臺灣資訊硬體產業產值	12
圖 2-3	臺灣主要資訊硬體產品全球市場占有率	15
圖 2-4	臺灣資訊硬體產業出貨區域產值分析	16
圖 2-5	臺灣資訊硬體產業生產地產值分析	16
圖 2-6	2021-2026年臺灣資訊硬體產業總產值之展望	17
圖 2-7	2020-2026年臺灣主要資訊硬體產品全球占有率長期展望	18
圖 3-1	2017-2021年全球桌上型電腦市場規模	20
圖 3-2	2017-2021年北美桌上型電腦市場規模	21
圖 3-3	2017-2021年西歐桌上型電腦市場規模	22
圖 3-4	2017-2021年日本桌上型電腦市場規模	23
圖 3-5	2017-2021年亞洲桌上型電腦市場規模	24
圖 3-6	2017-2021年其他地區桌上型電腦市場規模	25
圖 3-7	2017-2021年全球筆記型電腦市場規模	26
圖 3-8	2017-2021年北美筆記型電腦市場規模	27
圖 3-9	2017-2021年西歐筆記型電腦市場規模	28
圖 3-10	2017-2021年日本筆記型電腦市場規模	29
圖 3-11	2017-2021年亞洲筆記型電腦市場規模	30
圖 3-12	2017-2021年其他地區筆記型電腦市場規模	31
圖 3-13	2017-2021年全球伺服器市場規模	32

圖 3-14	2017-2021年北美伺服器市場規模	33
圖 3-15	2017-2021年西歐伺服器市場規模	34
圖 3-16	2017-2021年日本伺服器市場規模	34
圖 3-17	2017-2021年亞洲伺服器市場規模	35
圖 3-18	2017-2021年其他地區伺服器市場規模	36
圖 3-19	2017-2021年全球主機板市場規模	37
圖 3-20	2017-2021年北美主機板市場規模	38
圖 3-21	2017-2021年西歐主機板市場規模	39
圖 3-22	2017-2021年日本主機板市場規模	39
圖 3-23	2017-2021年亞洲主機板市場規模	40
圖 3-24	2017-2021年其他地區主機板市場規模	41
圖 4-1	2017-2021年臺灣桌上型電腦產業總產量	44
圖 4-2	2017-2021年臺灣桌上型電腦產業總產值	44
圖 4-3	2017-2021年臺灣桌上型電腦產業業務型態別產量比重	45
圖 4-4	2017-2021年臺灣桌上型電腦產業銷售地區別產量比重	46
圖 4-5	2017-2021年臺灣桌上型電腦產業中央處理器採用架構分析	47
圖 4-6	2017-2021年臺灣筆記型電腦產業總產量	49
圖 4-7	2017-2021年臺灣筆記型電腦產業總產值	50
圖 4-8	2017-2021年臺灣筆記型電腦產業業務型態別產量比重	50
圖 4-9	2017-2021年臺灣筆記型電腦產業銷售地區別產量比重	51
圖 4-10	2017-2021年臺灣筆記型電腦產業尺寸別產量比重	52
圖 4-11	2017-2021年臺灣筆記型電腦產業產品平台型態	54
圖 4-12	2017-2021年臺灣伺服器主機板產業總產量	55
圖 4-13	2017-2021年臺灣伺服器系統產業總產量	56
圖 4-14	2017-2021年臺灣伺服器系統產值與平均出貨價格	57

圖 4-15	2017-2021年臺灣伺服器主機板產值與平均出貨價格	57
圖 4-16	2017-2021年臺灣伺服器系統產業業務型態別比重	58
圖 4-17	2017-2021年臺灣伺服器系統產業銷售區域比重	60
圖 4-18	2017-2021年臺灣伺服器系統產業外觀形式出貨分析	61
圖 4-19	2017-2021年臺灣主機板產業總產量	63
圖 4-20	2017-2021年臺灣主機板產業產值與平均出貨價格	63
圖 4-21	2017-2021年臺灣主機板產業業務型態	64
圖 4-22	2017-2021年臺灣主機板產業出貨地區別產量比重	65
圖 4-23	2017-2021年臺灣主機板產業分析（處理器採用架構）	66
圖 5-1	美中貿易戰關稅清單與主要產品	81
圖 5-2	臺灣代工廠目前設廠狀況	89
圖 5-3	雲端資料中心於聯網結構的分層位階	104
圖 5-4	雲端資料中心之地理與區域產品系譜	106
圖 5-5	雲端服務供應商新區域資料中心規劃	117

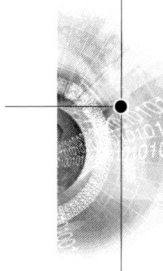

表目錄

表 1-1	2017-2022 年全球與主要地區經濟成長率	2
表 1-2	2017-2022 年主要國家與地區經濟成長率	2
表 1-3	2017-2022 年主要國家 CPI 變動率	3
表 1-4	臺灣經濟成長與物價變動	4
表 1-5	臺灣消費年增率	5
表 1-6	臺灣工業生產指數年增率	5
表 1-7	臺灣對主要貿易地區進口總額年增率	6
表 1-8	臺灣對主要貿易地區出口總額年增率	6
表 1-9	2021 年臺灣外銷訂單主要接單地區	7
表 1-10	2021 年臺灣外銷訂單主要接單貨品類別	7
表 1-11	臺灣核准華僑及外國人、對外、對中國大陸投資概況	8
表 1-12	臺灣貨幣、利率與匯率概況	8
表 1-13	臺灣勞動力與失業概況	8
表 2-1	2021 年臺灣主要資訊硬體產品產銷表現	13
表 5-1	2021 年上半年各地區「能耗雙控」目標完成情況晴雨表	68
表 5-2	臺灣資訊硬體產業主要廠商影響分析	72
表 5-3	2018-2021 年供應鏈移動因素盤點	79
表 5-4	重點國家／地區在生產基地移動上的推力與拉力因素盤點	82
表 5-5	端點產品自研晶片盤點	97
表 5-6	雲產品自研晶片盤點	99

表 5-7　雲端資料中心之服務區域屬性與定義 106

表 5-8　雲端服務提供商於資料中心布局比較 118

第一章 ｜總體經濟暨產業關聯指標

一、全球經濟重要指標

在COVID-19第三劑疫苗施打率上升的情形下，疫情逐漸開始輕症化，各國開始思索與病毒共存的辦法，部分國家如美國更是宣布口罩令解除，希望能讓經濟復甦更加快速。然而全球地緣政治風險仍然影響經濟，隨著俄烏戰爭持續延燒，恐讓供應鏈瓶頸及通膨壓力更加惡化，全球經濟下行風險提高。

俄烏戰爭造成的經濟損失將導致2022年全球經濟成長顯著放緩並推升通貨膨脹，並促使燃料和糧食等大宗商品價格快速上漲，當中開發中國家受到之打擊最大。因此2022年全球如何防止經濟進一步惡化，維持全球物流的流動性、應對債務危機、對氣候變化採取措施及進一步與COVID-19疫情共存成為關鍵議題。

2022年疫情仍是左右全球經濟復甦及市場需求之重要因素，全球在疫苗分配不均、存在病毒變異風險等影響下，短期內不易達成群體免疫；另一方面，因疫情緩和程度與時程不一、各國數位化程度不一，全球經濟復甦將呈現不均衡狀態。

在後疫情時代，因為物流不順、產能不足導致全球出現缺料情形，各國開始思考供應鏈的自給自足，進行去全球化以防止供應鏈出現斷鏈風險；全球數位轉型加速，將使遠距上班、雲端運算、5G、人工智慧等應用普及，並進一步帶動資訊硬體產業的發展。同時隨著2050淨零碳排的時程逐漸接近，各國更加重視永續發展與再生能源的研發，各企業亦對於ESG更加關注。根據各研究機構預估的數據顯示，2022年的經濟復甦相較2021年將會放緩，且俄烏戰爭與疫情仍將為整體環境帶來不確定性與風險。

表 1-1　2017-2022 年全球與主要地區經濟成長率

單位：%

地區／年	2017	2018	2019	2020	2021	2022（e）
全球（EIU）	3.7	3.6	3.4	-3.2	5.8	4.3
全球（IMF）	3.8	3.6	3.3	-3.3	5.9	4.9
先進開發國家	2.3	2.2	1.8	-4.7	5.2	4.5
歐元區	2.3	1.8	1.3	-6.6	5.0	4.3
新興與發展中國家	4.8	4.5	4.4	-2.2	6.4	5.1
獨立國協	2.1	2.8	2.2	-3.1	4.7	2.9
亞洲開發中國家	6.5	6.4	6.3	-1.0	7.2	6.3
歐洲開發中國家	5.8	3.6	0.8	-2.0	6.0	3.6
拉丁美洲和加勒比海	1.3	1.0	1.4	-7.0	6.3	3.0
中東及北非	2.6	1.8	1.5	-2.9	4.1	4.1
撒哈拉以南非洲	2.8	3.0	3.5	-1.9	3.7	3.8
歐盟	2.7	2.2	1.6	-6.1	5.1	4.4

備註：各主要地區之經濟成長率係採 IMF 之資料
資料來源：IMF、EIU，資策會 MIC 經濟部 ITIS 研究團隊整理，2022 年 6 月

表 1-2　2017-2022 年主要國家與地區經濟成長率

單位：%

國別／年	2017	2018	2019	2020	2021	2022（e）
臺灣	2.9	2.6	2.5	3.1	5.9	3.3
美國	2.3	2.9	2.3	-3.5	6.0	5.2
日本	1.7	0.8	1.0	-4.8	2.4	3.2
德國	2.5	1.5	0.8	-4.9	3.1	4.6
法國	1.8	1.5	1.3	-8.2	6.3	3.9
英國	1.8	1.4	1.2	-9.9	6.8	5.0
韓國	3.1	2.7	2.6	-1.0	4.3	3.3
新加坡	3.6	3.2	2.3	-5.4	6.0	3.2
香港	3.8	3.0	2.7	-6.1	6.4	3.5
中國大陸	6.9	6.6	6.3	2.3	8.0	5.6

備註：除臺灣數據為官方公布外，其餘各國數據係採 IMF 之資料
資料來源：IMF，資策會 MIC 經濟部 ITIS 研究團隊整理，2022 年 6 月

觀察消費者物價指數（CPI）變化，全球總體通膨在 2021 年最後幾個月達到巔峰（peak）。主要原因為在寬鬆的財政和貨幣政策的支持下，經濟活動回升或縮小產出缺口，同時釋放被疫情期間壓抑的需求和累積的儲蓄、商品價格快速上漲、投入短缺和供應鏈中斷等。此外，因疫情及俄烏軍事衝突影響供應鏈與運輸物流，推升國際大宗原物料續漲，加劇全球通膨壓力。

表 1-3　2017-2022 年主要國家 CPI 變動率

單位：%

國別／年	2017	2018	2019	2020	2021	2022（e）
美國	2.7	2.4	1.8	1.2	4.7	8.0
日本	1.0	1.0	0.5	0.0	-0.2	0.9
德國	2.0	1.9	1.5	0.5	3.1	5.8
法國	1.4	2.1	1.1	0.5	1.6	3.7
英國	2.5	2.5	1.7	1.0	2.5	5.5
韓國	1.8	1.5	0.4	0.5	2.5	3.8
新加坡	1.0	0.4	0.6	-0.2	2.3	4.6
香港	2.6	2.4	2.9	0.3	1.6	1.5
中國大陸	2.4	2.1	2.9	2.4	1.0	1.2

資料來源：行政院主計總處，資策會 MIC 經濟部 ITIS 研究團隊整理，2022 年 6 月

二、臺灣經濟重要指標

展望 2022 年臺灣經濟成長率，全球對於資訊硬體產及大宗商品需求十分旺盛，可望持續帶動我國經濟成長率。國際貨幣基金組織（IMF）於 2022 年 4 月發布的世界經濟展望（World Economic Outlook）中，預測臺灣 2022 年經濟成長率為 3.2%，相較 2021 年 10 月僅微幅下調 0.1%。當前我國經濟所面臨的風險主要有三，包含俄烏戰爭所引發之通貨膨脹、我國本土疫情復燃及中國大陸執行疫情封控措施等因素。

國際油價因俄烏戰爭上漲，對於能源供應接近 100% 的臺灣而言，將會導致通貨膨脹及 GDP 下滑；我國疫情自 2022 年 4 月開始急遽升溫，由 4 月初每日確診人數 200 多名至 5 月初每日確診人數高達 2 萬名，儘管當前仍未對臺灣供應鏈產生嚴重衝擊，然而各廠商不定期出現確診案例及執行遠距、分班措施，仍將影響整體產能。

中國大陸則自 2022 年 3 月中開始，為防堵 COVID-19 疫情擴散，陸續針對深圳、東莞、上海、昆山、廣州等地實施分區分類管理，道路分區封控管制，進出工廠受限制，對原物料及產品配送造成影響，至於企業雖允許生產但僅能採取封閉式生產，甚至昆山更要求企業需配合輪休減產。中國大陸政府此波防疫管制作為已然對布局中國大陸的臺灣資通硬體產業，在製造生產與物流運輸造成影響，並恐將影響臺灣的經濟成長。

另一方面，臺灣主計總處於 4 月份公布 2022 年最新的臺灣經濟成長率預估保四，較 2022 年 2 月所發表的 4.42%下修至 4.02%，主要原因正如上述俄烏戰爭、中國大陸封城以及美國升息所造成之影響。台經院則較為樂觀，於 4 月份維持 1 月所預測的經濟成長率 4.1%，院方認為臺灣疫苗覆蓋率高且疫情輕症化，民間投資仍然維持強勁的力道，可以降低本土疫情對終端消費之衝擊。

表 1-4　臺灣經濟成長與物價變動

年別	經濟成長率（GDP）（%）	國民生產毛額（GDP）（新臺幣百萬元）	平均每人 GDP（per capita GDP）（新臺幣元）	消費者物價上升率（%）	躉售物價上升率（%）
2017 年	3.08	17,501,181	742,976	0.62	0.90
2018 年	2.79	17,777,003	754,027	1.35	3.63
2019 年	2.96	18,898,571	802,361	0.56	-2.26
2020 年	3.12	19,766,240	838,191	-0.23	-7.79
2021 年	6.45	21,706,461	924,619	1.96	9.46
2022 年（f）	4.42	22,945,164	982,000		
第 1 季（e）	3.00	5,552,847	237,662		
第 2 季（f）	4.54	5,546,277	237,526		
第 3 季（f）	5.09	5,759,870	246,656		
第 4 季（f）	4.94	6,086,170	260,156		

備註：(e) 為初步統計數,(f) 為預測數
資料來源：行政院主計總處，經濟部統計處，資策會 MIC 經濟部 ITIS 研究團隊整理，2022 年 6 月

表 1-5　臺灣消費年增率

單位：%

年別	民間消費實質成長率
2017 年	2.32
2018 年	2.29
2019 年	1.58
2020 年	-5.21
2021 年	-0.46

資料來源：行政院主計總處，資策會 MIC 經濟部 ITIS 研究團隊整理，2022 年 6 月

表 1-6　臺灣工業生產指數年增率

基期 =2011 年	工業生產指數 合計（%）	礦業及土石 採取業（%）	製造業 （%）	電力燃氣業 （%）	用水供應業 （%）
2017 年	5.00	-2.00	5.27	2.22	1.30
2018 年	3.65	-3.65	3.93	0.39	0.09
2019 年	-0.35	-3.66	-0.45	1.14	0.36
2020 年	7.08	17.23	7.56	1.18	1.30
2021 年	13.22	3.66	14.06	4.21	-2.49

資料來源：經濟部統計處，資策會 MIC 經濟部 ITIS 研究團隊整理，2022 年 6 月

觀察 2021 年我國對外貿易總額達到 8,279 億美元，相較 2020 年增加 31.1%，當中出口總額為 4,463 億美元，增加 29.3%，進口總額為 3,815 億美元，增加 33.3%，貿易總額、進出口金額均創歷年新高。主要原因在於在中美貿易戰的影響下，美系客戶要求將部分關鍵產品如伺服器等移至中國大陸外生產，因此臺商為因應客戶需求，紛紛於臺灣增設生產線，亦間接提升整體出口總額。

進一步剖析主要進出口市場與貨品，在外銷訂單方面以美國、中國大陸及香港為主，主要類別為電子產品與資訊通信產品。2021 年在全球 IC 晶片缺料的狀況下，影響到資訊硬體及通訊產品的出貨，當中包含筆記型電腦（以下簡稱筆電）、桌上型電腦（以下簡稱桌機）、伺服器、車用及手機等產品均受到影響。我國作為半導體代工的領先者，獲得許多訂單，各家廠商亦於我國進行擴廠來增加產能，也促使整體外銷訂單金額相較 2020 年增加 49%。

表 1-7　臺灣對主要貿易地區進口總額年增率

單位：%

地區／年	2017 年	2018 年	2019 年	2020 年	2021 年
NAFTA	5.0	16.8	4.8	-6.6	22.8
美國	4.8	16.6	5.3	-6.8	20.4
加拿大	31.4	21.1	-7.3	-15.6	53.2
亞洲地區	11.1	9.5	0.4	7.4	31.2
日本	3.2	5.3	-0.2	4.2	22.2
香港	13.6	-6.8	-24.6	14.1	39.9
中國大陸	13.7	7.5	6.7	10.8	29.7
南韓	15.3	15.6	-9.1	16.1	48.7
東協	14.1	11.4	1.2	2.6	31.5
歐洲地區	8.4	10.4	5.6	0.6	28.5
歐盟 28 國	7.1	7.7	11.1	-0.7	27.3
合計	**12.2**	**10.7**	**0.3**	**0.1**	**33.3**

資料來源：財政部統計處，資策會 MIC 經濟部 ITIS 研究團隊整理，2022 年 6 月

表 1-8　臺灣對主要貿易地區出口總額年增率

單位：%

地區／年	2017 年	2018 年	2019 年	2020 年	2021 年
NAFTA	10.1	7.9	15.6	7.7	30.7
美國	10.1	7.4	17.1	9.3	29.9
加拿大	8.0	15.2	-6.2	-8.8	38.6
亞洲地區	14.4	5.3	-3.7	6.8	27.5
日本	5.7	10.8	2.1	0.5	24.8
香港	7.6	0.6	-2.6	21.5	28.7
中國大陸	20.4	8.7	-4.9	11.6	22.9
南韓	15.0	9.2	7.5	-10.5	33.0
東協	14.2	-0.7	-7.2	-1.3	32.0
歐洲地區	10.2	8.7	-4.8	-5.4	36.7
歐盟 28 國	9.5	8.8	-5.2	-5.0	38.9
合計	**13.0**	**5.9**	**-1.5**	**4.9**	**29.3**

資料來源：財政部統計處，資策會 MIC 經濟部 ITIS 研究團隊整理，2022 年 6 月

表 1-9　2021 年臺灣外銷訂單主要接單地區

主要地區	金額（億美元）	較上年增減（%）
總計	5,337	49.0
中國大陸及香港	1,377	55.7
美國	1,616	49.9
歐洲	1,089	61.7
東協	465	37.1
日本	286	49.2

備註：自 106 年 4 月起原東協六國改東協，包括新加坡、馬來西亞、菲律賓、泰國、印尼、越南、汶萊、寮國、緬甸及柬埔寨等十國。
資料來源：經濟部統計處，資策會 MIC 經濟部 ITIS 研究團隊整理，2022 年 6 月

表 1-10　2021 年臺灣外銷訂單主要接單貨品類別

主要類別	金額（億美元）	較上年增減（%）
資訊通信	1,931	17.5
電子產品	2,074	28.5
光學器材	314	29.2
基本金屬	371	50.0
塑橡膠製品	310	42.2
化學品	240	37.9
機械	268	28.8
電機產品	226	12.4
礦產品	105	59.1
其餘貨品	903	25.6

備註：精密儀器名稱變更為光學器材，鐘錶、樂器移至其餘貨品
資料來源：經濟部統計處，資策會 MIC 經濟部 ITIS 研究團隊整理，2022 年 6 月

表 1-11　臺灣核准華僑及外國人、對外、對中國大陸投資概況

年別	核准華僑及外國人投資（千美元）總計	華僑	外國人	核准對外投資（千美元）金額	核准對中國大陸投資（千美元）金額
2017 年	7,513,192	9,400	7,503,791	11,573,208	9,248,862
2018 年	11,440,234	11,772	11,428,462	14,294,562	8,497,730
2019 年	11,195,975	38,754	11,157,221	6,851,155	4,173,090
2020 年	9,110,510	8,054	9,102,456	11,805,105	5,906,489
2021 年	7,476,273	4,478	7,471,795	12,599,132	5,863,173

備註：核准對中國大陸投資統計資料包含補辦許可案件之統計金額
資料來源：經濟部投資審議委員會，資策會 MIC 經濟部 ITIS 研究團隊整理，2022 年 6 月

表 1-12　臺灣貨幣、利率與匯率概況

年別	M1B 年增率（％）	M2 年增率（％）	放款與投資年增率（％）	利率（年率）重貼現率（％）	利率（年率）貨幣市場利率（％）	匯率（新臺幣／美元）
2017 年	4.65	3.75	4.82	1.375	0.44	30.44
2018 年	5.32	3.52	5.39	1.375	0.49	29.06
2019 年	7.15	3.46	4.96	1.375	0.55	30.93
2020 年	10.34	5.84	6.79	1.375	0.39	29.58
2021 年	16.36	8.73	8.39	1.375	0.26	28.02

資料來源：中央銀行，資策會 MIC 經濟部 ITIS 研究團隊整理，2022 年 6 月

表 1-13　臺灣勞動力與失業概況

年別	勞動力（千人）	勞動參與率（％）	就業者（千人）	失業者（千人）	失業率（％）
2017 年平均	11,795	58.83	11,352	443	3.76
2018 年平均	11,874	58.99	11,434	440	3.71
2019 年平均	11,946	59.17	11,500	446	3.73
2020 年平均	11,964	59.14	11,504	460	3.85
2021 年平均	11,919	59.02	11,447	471	3.95

資料來源：行政院主計總處，資策會 MIC 經濟部 ITIS 研究團隊整理，2022 年 6 月

第二章 資訊硬體產業總覽

一、產業範疇與定義

本文中所提及之資訊硬體產業範疇，以資訊硬體終端產品及關鍵零組件為主，涵蓋四大產品包括：桌上型電腦、筆記型電腦（含迷你筆記型電腦）、伺服器、主機板等。

二、全球產業總覽

根據資策會 MIC 研究調查，2021 年全球主要資訊硬體產業產值為 213,214 百萬美元，相較 2020 年 185,203 百萬美元成長 15.1%。2021 年筆記型電腦市場仍維持高成長幅度，上半年延續 2020 年教育筆電的訂單，下半年則是因疫情略為緩和，使商用市場的出貨回溫。伺服器方面受惠雲端服務商訂單成長帶動，使得出貨量及平均銷售價格有所提升，進一步帶動全球資訊硬體產業產值提升。除此之外，受到全球缺料、塞港等因素影響，原物料及零組件價格上漲，然而客戶願意吸收成本，導致最終產品價格提升，亦為 2021 年產值增高的關鍵要素之一。

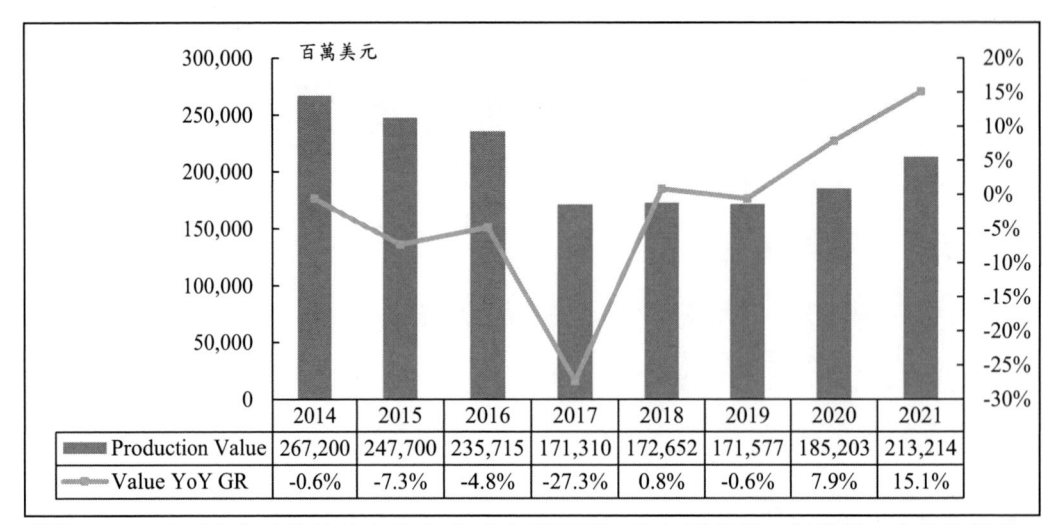

年	2014	2015	2016	2017	2018	2019	2020	2021
Production Value	267,200	247,700	235,715	171,310	172,652	171,577	185,203	213,214
Value YoY GR	-0.6%	-7.3%	-4.8%	-27.3%	0.8%	-0.6%	7.9%	15.1%

備註：2016年（含）以前統計產品包含桌上型電腦、筆記型電腦、伺服器、液晶監視器、液晶電視、平板電腦、智慧型行動電話、主機板以及面板等。2017年後以桌上型電腦、筆記型電腦、伺服器以及主機板為主。

資料來源：資策會MIC經濟部ITIS研究團隊，2022年6月

圖 2-1　2014-2021年全球資訊硬體產業產值

　　就個別產業而言，2021年全球筆記型電腦出貨創下歷史高點，影響高出貨成長的原因有二，首先是2021上半年教育標案與消費性筆電需求帶動，其二是下半年企業回歸辦公室帶動商用需求。因應COVID-19疫情下各國防疫政策的實行，不少國家及地區採用遠距教學的模式以維持學校學習的活動，也致使部分國家政府推出遠距教育相關的政策方案，促使筆記型電腦整體出貨增加。

　　桌上型電腦在2021年上半年無明顯起色，然而至2021下半年在疫苗施打完善的狀況下，帶動部分商用市場需求。伺服器產業在雲端服務商機及興建資料中心的帶動下，對於伺服器產品規格要求上升，需要可以搭載更高規格處理器及AI加速卡的伺服器，因此促成整體產值提高。主機板產業受惠於疫情期間遊戲、挖礦等需求旺盛，消費者更願意付出金錢去購買高階電腦配件，使主機板整體毛利率呈現上升的趨勢。

　　就品牌廠全球市占表現而言，桌上型與筆記型電腦的前三大電腦品牌廠仍為惠普（HP）、戴爾（Dell）及聯想（Lenovo）。在2021年全球缺

料的狀況下，前三大品牌商憑藉自身的供應鏈及採購能力，可以獲得更穩定的供貨，使得產品出貨受到的影響較低。伺服器的前三大品牌商則為 Dell EMC、慧與科技（HPE）及浪潮（Inspur），Dell EMC、HPE 等伺服器品牌商面臨雲端服務商轉往直接代工模式的影響，市占率微幅下滑；浪潮則是憑藉中國大陸內部強勁的需求，市占率不減反增。

就供應鏈而言，在美中貿易戰及乾淨網路政策影響下，美系客戶如 Dell、HP、IBM、Apple 等開始對資安產生更嚴格的要求，並希望能夠在中國大陸以外的地方生產。而中系客戶如聯想、浪潮、華為及藍天電腦等，則基於當地要求或成本考量等因素，維持在中國大陸進行生產。因此我國資通訊硬體代工業者透過分拆產線的方式，藉此符合客戶需求。從 2016 年至 2021 年，在桌機、筆電及伺服器方面產業皆有所轉移，當中以具備關鍵基礎設施特性的伺服器移動速度最快，於臺灣及北美、墨西哥生產比重明顯提升。

三、臺灣產業總覽

根據資策會 MIC 研究調查，2021 年臺灣主要資訊硬體產業產值約為 158,360 百萬美元，相較前一年表現，成長幅度為 19.5%。

進一步分析資訊硬體產業產值上升的原因，可以發現桌機、筆電及伺服器出貨均有所成長，而產值成長率相較產量更高，顯示出各產品的 ASP 呈現上升的趨勢。主要原因是 COVID-19 促使電競遊戲、影音串流等娛樂受到更廣泛的應用，而消費者會傾向配備更高規格的電腦，另外在企業遠距上班及雲端服務成為常態下，商用電腦的設計則更需要符合能夠遠端工作的各項需求。伺服器方面，在 5G、AI 及高效能運算等技術進展下，對於伺服器性能要求也隨之增加，連帶使產品價格上漲。

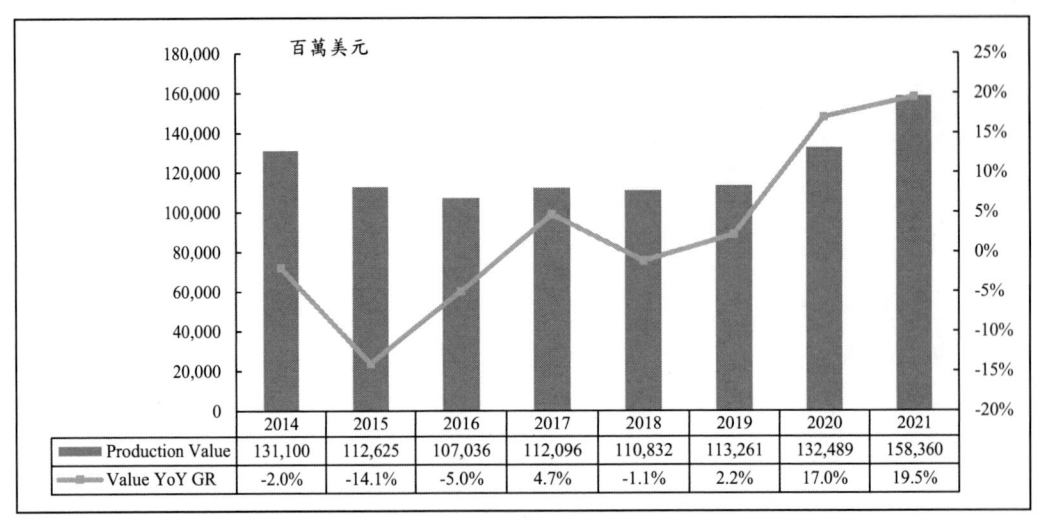

	2014	2015	2016	2017	2018	2019	2020	2021
Production Value	131,100	112,625	107,036	112,096	110,832	113,261	132,489	158,360
Value YoY GR	-2.0%	-14.1%	-5.0%	4.7%	-1.1%	2.2%	17.0%	19.5%

資料來源：資策會 MIC 經濟部 ITIS 研究團隊，2022 年 6 月

圖 2-2　2014-2021 年臺灣資訊硬體產業產值

　　回顧 2021 年臺灣主要資訊硬體產業產值表現，關於臺灣桌上型電腦產業，2021 年臺灣桌機產值約 12,178 百萬美元，年成長率為 5.4%，2021 年上半年持續受到 COVID-19 疫情的影響，致使多數企業辦公室仍保持關閉狀態並實施居家辦公措施，商用桌機需求依然沒有明顯起色。下半年開始，因為全球疫苗覆蓋率的提升，歐美地區作為先進國家，疫苗施打進度較快，人類的日常生活逐漸回歸正軌，桌機產品也因為企業回到辦公室上班的模式而帶動商用市場需求回升。就供給端方面，因為疫情而衍生的缺料問題從 2021 年開始持續延燒，尤其是以 2021 上半年影響最為嚴重，致使部分品牌廠訂單不得不遞延而影響出貨表現。2021 下半年後料況相對上半年穩定許多，加上上半年訂單多有遞延的情況，因此為整體桌機市場的出貨帶來不錯表現。

　　臺灣筆記型電腦產業，2021 年繼 2020 年後再次創下史上最佳出貨紀錄，臺灣筆電產業總出貨量達 200,508 千台，產值為 93,242 百萬美元，相較 2020 年的產值表現成長約 26.3%。成長主因包含疫後生活常態下對於筆電需求的提升，2021 上半年在各國教育標案的推動下，讓教育筆電需求持續上漲，下半年後雖然教育需求減緩，但伴隨而來的是隨著企業

陸續回歸辦公室的情況下，帶動商用機種的需求回溫，也因而使得2021年筆電市場維持穩定的高需求狀態。

臺灣伺服器產業，2021年臺灣伺服器總產值達14,520百萬美元，年成長率12%。在COVID-19疫情的影響下，各企業對於遠距工作、雲端服務的需求提升，促使雲端服務商持續興建資料中心，各企業端對伺服器的需求也提升。然而疫情同時影響全球的出貨，造成全球缺料情形嚴重。就晶片而言，電源管理晶片（PMIC）因為在多種資訊硬體產品皆須使用，在晶圓代工產能無法符合需求的狀況下，造成全球性的搶料。

臺灣主機板產業，2021年臺灣主機板產值約4,377百萬美元，年成長率6.1%。回顧2021年，上半年因為COVID-19疫情的持續延燒，主機板市場依舊需求暢旺，受惠宅經濟效益的刺激，包括遊戲需求、在家電腦設備的升級等，成為主機板出貨的成長動能。下半年開始，歐美等先進國家因為疫苗覆蓋率的提升與解封，消費者開始出現不同的消費行為，減少消費性電腦的採購，而使主機板市場主要成長動能轉往商用市場。

表2-1　2021年臺灣主要資訊硬體產品產銷表現

產品類別	2021產值（百萬美元）	2021/2020產值成長率	2021產量（千台）	2021/2020產量成長率
桌上型電腦	12,178	5.4%	44,409	3.8%
筆記型電腦	93,242	26.3%	200,508	22.7%
伺服器	14,520	12.0%	4,795	7.8%
主機板	4,377	6.1%	78,118	1.4%

註1：筆記型電腦產銷數據包含主流筆記型電腦與迷你筆記型電腦等產品型態
註2：主機板產銷數據包含純主機板、準系統及全系統等出貨型態
註3：伺服器產銷數據包含準系統及全系統等出貨型態，未包含純主機板出貨型態
資料來源：資策會MIC經濟部ITIS研究團隊，2022年6月

觀察2021年臺灣主要資訊硬體產品全球市占率，桌上型電腦從53.2%提升為54.1%、筆記型電腦從81.6%下降至80.5%、伺服器從35.8%提升為36.9%、主機板從80.9%下降至80.6%。

比較各產品全球占比消長變化，2021年桌機比重成長動能主要原因在於一體成型電腦（All-in-One PC, AIO PC）與電競桌機在2021年疫情期間，市場需求暢旺所致。疫情持續延燒之際，遠距辦公、線上學習、在家娛樂的模式成為新常態，AIO PC受惠Apple於2021年第二季推出iMac新機的出貨表現亮眼之餘，HP也在第三季時量產販售全新機種，刺激AIO PC市場需求的增加。電競桌機方面，2021年出貨比重占整體桌機市場已經超過一成，預期未來將會持續增加，分析成長主要原因在於消費者對於高階運算效能的需求仍持續存在，而電競桌機效能可滿足消費者的購買意願。

筆記型電腦教育筆電因部分國家政府提供經費補助採購遠距教學所需之軟硬體設備，讓教育筆電需求在2021上半年維持成長態勢。2021下半年受到教育標案採購力道的減弱，讓Chromebook需求大幅衰退，然而伴隨疫苗覆蓋率的提升，企業回歸辦公室帶動商用需求回溫，Windows系統的更新和Apple全新自製處理器搭載之筆電新品的推出，以及先前供給端面臨IC零組件短缺料件的情況逐步緩和，都讓2021下半年筆電市場持續成長。

伺服器產業比重上升的原因在於雲端服務商需求提升，在直接代工（ODM Direct）模式下，臺灣伺服器代工業者透過客製化的方式從測試驗證階段即與客戶密切合作。除了過去占較多數的伺服器主機板出貨外，透過整機（半系統或全系統）、整櫃（內含多個全系統與其他配件）方式出貨的比例亦有增加。

主機板產業比重微幅下滑，2021整年度受到缺料問題影響著主機板市場的出貨狀況，主要包含PMIC、Lan Chip、Audio Codec IC等元件的長短料供貨缺口，致使部分訂單面臨被迫向後遞延出貨的窘況。然而挖礦需求的回升與電競新品的推出，成為主機板市場的成長動能，經營自有品牌業者持續致力於高階機種的開發，帶動主機板市場出貨的成長之外，亦連帶推升主機板銷售毛利。

第二章　資訊硬體產業總覽

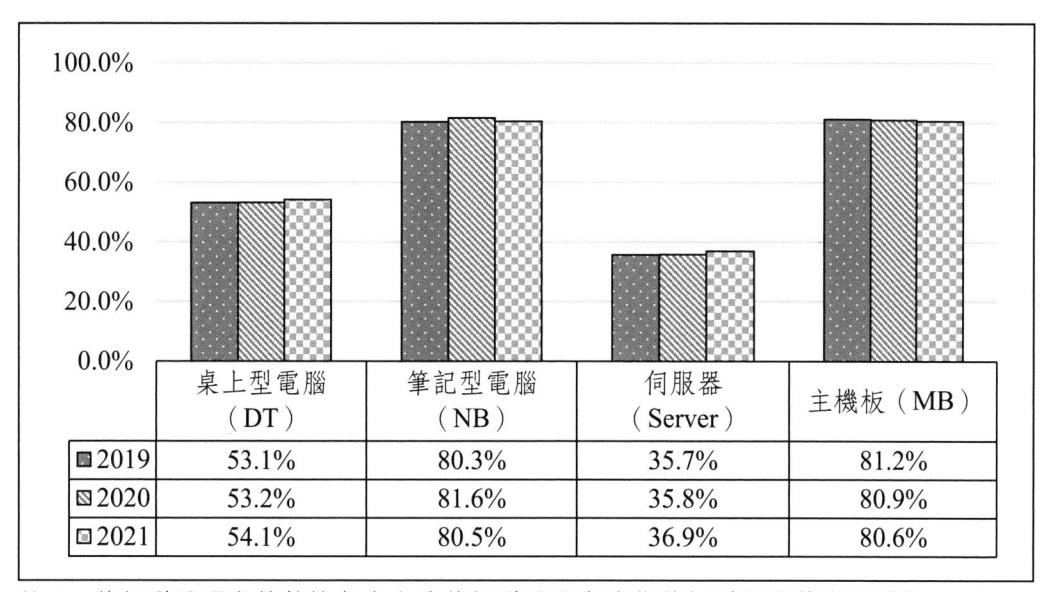

	桌上型電腦（DT）	筆記型電腦（NB）	伺服器（Server）	主機板（MB）
2019	53.1%	80.3%	35.7%	81.2%
2020	53.2%	81.6%	35.8%	80.9%
2021	54.1%	80.5%	36.9%	80.6%

註1：筆記型電腦產銷數據包含主流筆記型電腦與迷你筆記型電腦等產品型態
註2：主機板產銷數據包含純主機板、準系統及全系統等出貨型態
註3：伺服器產銷數據包含準系統及全系統等出貨型態，未包含純主機板出貨型態
資料來源：資策會 MIC 經濟部 ITIS 研究團隊，2022 年 6 月

圖 2-3　臺灣主要資訊硬體產品全球市場占有率

　　從出貨地區觀察，北美出貨區域產值仍居首位，從 2020 年的 34.6% 下滑至 2021 年的 33.9%。位居次位為西歐，從 2020 年的 21.9% 下滑至 19.2%。歐美市場 2021 年受到 COVID-19 疫情影響，儘管部分產品出貨比重提升，消費性產品仍受到影響。亞太地區從 2020 年的 14.2% 上調至 14.5%。另外，中國大陸從 2020 年的 15.2% 上升至 2021 年的 15.5%，主要原因在於中國大陸對資訊硬體產品的需求仍在提升，在 2021 年疫情仍有控管之下維持一定消費力道。

　　從生產製造據點觀察，位居首位仍為中國大陸，然而比重相較 2020 年下降 1.1% 至 88.5%，而臺灣比重則從 1.9% 上升至 4.5%。在美中貿易戰、乾淨網路的影響下，美系客戶對於中國大陸的產品出現關稅提升、資安疑慮等風險，因此開始要求我國廠商將產線移出中國大陸進行生產，在此趨勢下我國廠商紛紛於進行回流於臺灣擴增產品線。

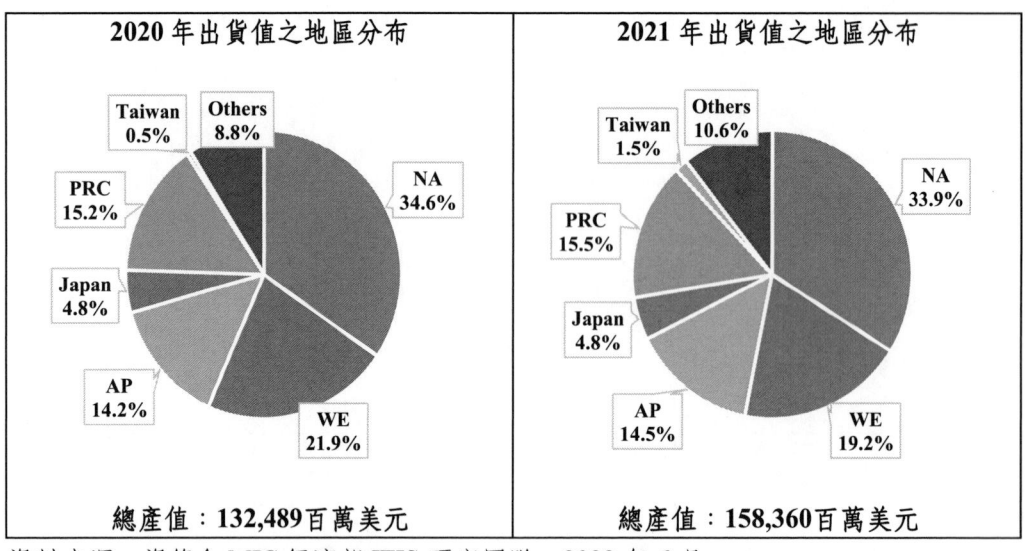

2020年出貨值之地區分布

- Taiwan 0.5%
- Others 8.8%
- NA 34.6%
- WE 21.9%
- AP 14.2%
- Japan 4.8%
- PRC 15.2%

總產值：132,489百萬美元

2021年出貨值之地區分布

- Taiwan 1.5%
- Others 10.6%
- NA 33.9%
- WE 19.2%
- AP 14.5%
- Japan 4.8%
- PRC 15.5%

總產值：158,360百萬美元

資料來源：資策會MIC經濟部ITIS研究團隊，2022年6月

圖2-4　臺灣資訊硬體產業出貨區域產值分析

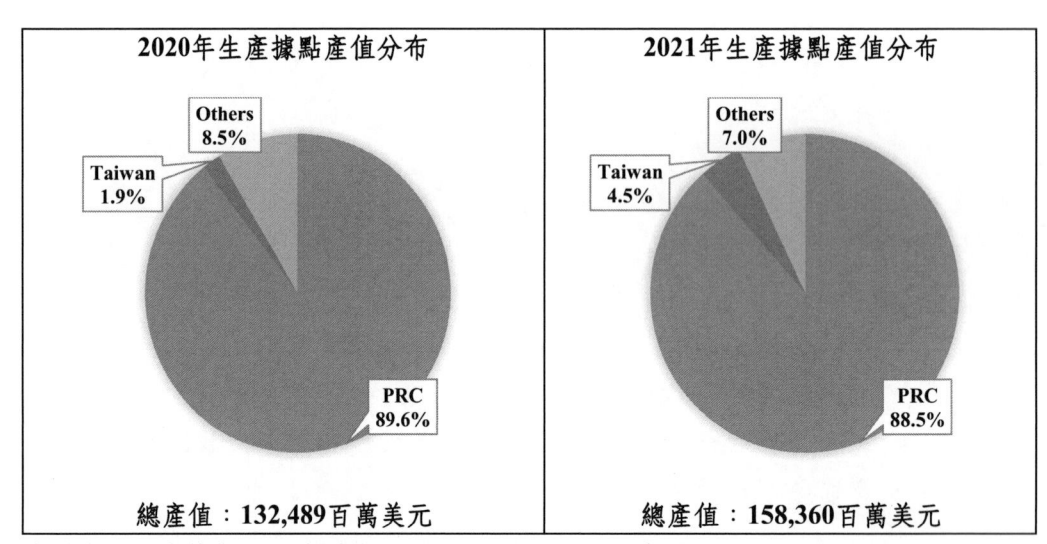

2020年生產據點產值分布

- Others 8.5%
- Taiwan 1.9%
- PRC 89.6%

總產值：132,489百萬美元

2021年生產據點產值分布

- Others 7.0%
- Taiwan 4.5%
- PRC 88.5%

總產值：158,360百萬美元

資料來源：資策會MIC經濟部ITIS研究團隊，2022年6月

圖2-5　臺灣資訊硬體產業生產地產值分析

預估2021年臺灣資訊硬體產業產值將達158,360百萬美元，成長率19.5%。在2022年全球許多國家宣布與病毒共存，並逐步鬆綁防疫措施的狀況下，市場前景看好，民眾的消費模式與娛樂習慣在疫情的影響下已然改變，因此仍會提升資訊硬體產業的需求。然而在供給端，俄烏戰爭與中國大陸封控為需要密切關注的兩大風險，對於資訊硬體整體產值可能形成影響。

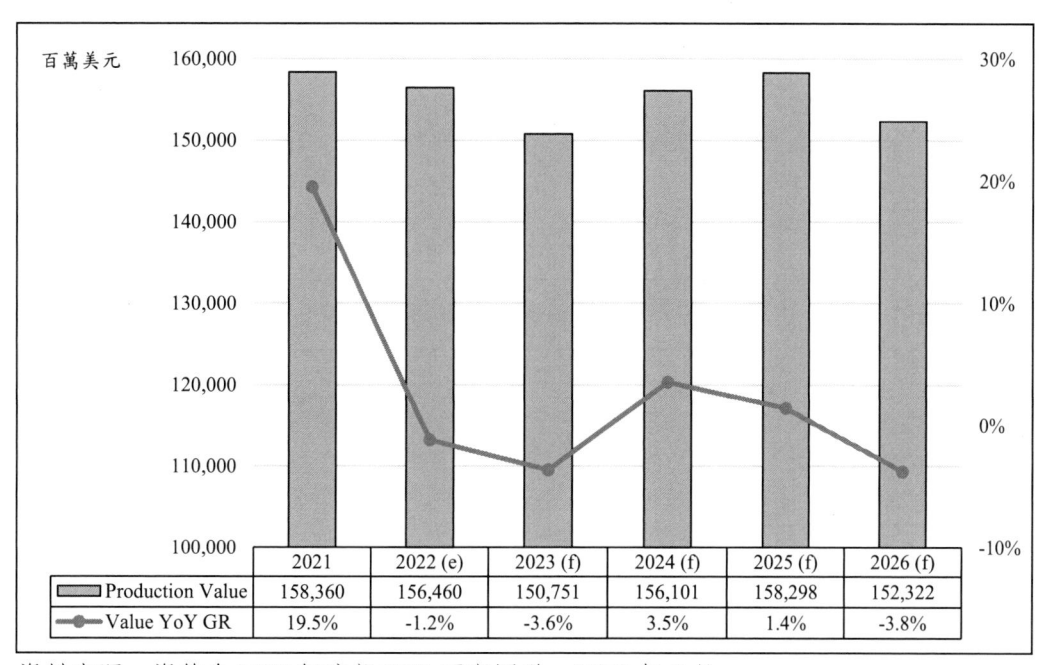

百萬美元	2021	2022 (e)	2023 (f)	2024 (f)	2025 (f)	2026 (f)
Production Value	158,360	156,460	150,751	156,101	158,298	152,322
Value YoY GR	19.5%	-1.2%	-3.6%	3.5%	1.4%	-3.8%

資料來源：資策會MIC 經濟部ITIS研究團隊，2022年6月

圖2-6　2021-2026年臺灣資訊硬體產業總產值之展望

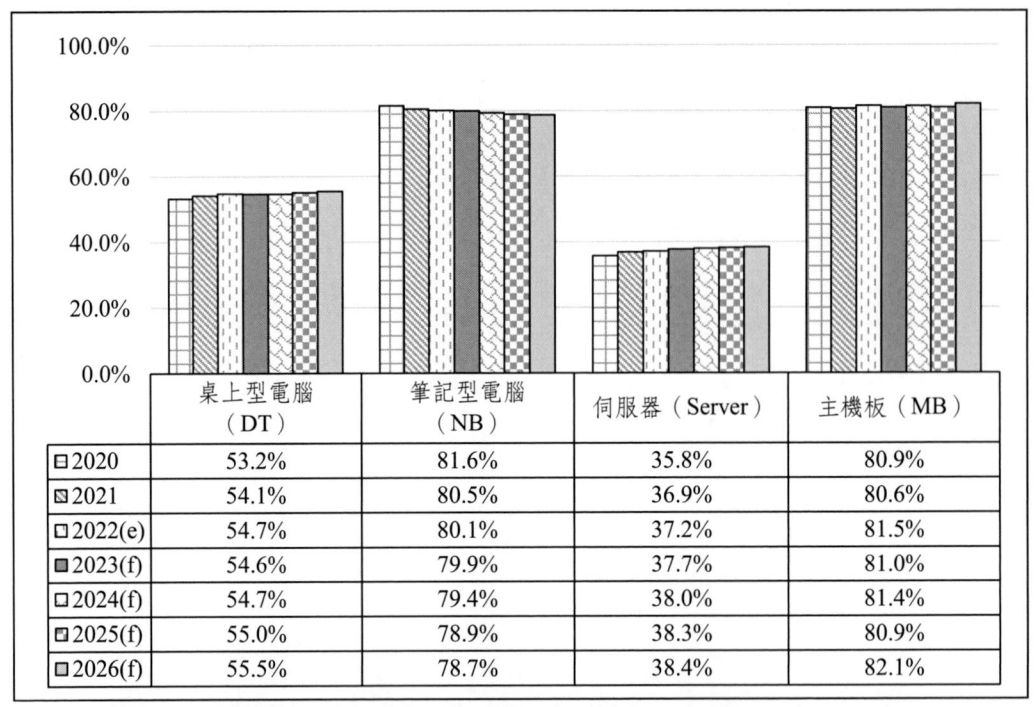

	桌上型電腦（DT）	筆記型電腦（NB）	伺服器（Server）	主機板（MB）
2020	53.2%	81.6%	35.8%	80.9%
2021	54.1%	80.5%	36.9%	80.6%
2022(e)	54.7%	80.1%	37.2%	81.5%
2023(f)	54.6%	79.9%	37.7%	81.0%
2024(f)	54.7%	79.4%	38.0%	81.4%
2025(f)	55.0%	78.9%	38.3%	80.9%
2026(f)	55.5%	78.7%	38.4%	82.1%

註1：筆記型電腦產銷數據包含主流筆記型電腦與迷你筆記型電腦等產品型態
註2：主機板產銷數據包含純主機板、準系統及全系統等出貨型態
註3：伺服器產銷數據包含準系統及全系統等出貨型態，未包含純主機板出貨型態
資料來源：資策會MIC經濟部ITIS研究團隊，2022年7月

圖 2-7　2020-2026年臺灣主要資訊硬體產品全球占有率長期展望

第三章 全球資訊硬體市場個論

一、全球桌上型電腦市場分析

　　2021年全球桌上型電腦出貨量約82,039千台，年成長率2.1%。2021上半年COVID-19疫情仍持續延燒未看到盡頭，致使多數企業辦公室仍保持關閉狀態並實施居家辦公措施，商用桌機需求依然沒有明顯起色。下半年開始，因為全球疫苗覆蓋率的提升，歐美地區作為先進國家疫苗施打進度較快，人類的日常生活逐漸回歸正軌，桌機產品也因為企業回到辦公室上班的模式而帶動商用市場需求回升。

　　另一方面，AIO PC與電競桌機在2021年疫情期間市場需求依舊暢旺。疫情持續延燒之際，遠距辦公、線上學習、在家娛樂的模式成為新常態，AIO PC受惠Apple於2021年第二季推出iMac新機的出貨表現亮眼之餘，HP也在第三季時量產販售全新機種，刺激AIO PC市場需求的增加。電競桌機方面，2021年出貨比重占整體桌機市場已經超越一成，甚至還在持續攀升，由於人們對於高階運算效能的需求持續增加，電競桌機效能相對高，因而獲得消費者的購買意願。

　　供給端方面，因為疫情而衍生的缺料問題從2021年開始持續延燒，尤其是以2021上半年影響最為嚴重，致使部分品牌廠訂單不得不遞延而影響出貨表現。2021下半年後料況相對上半年穩定許多，加上上半年訂單多有遞延的情況，因此在下半年的整體桌機市場出貨呈現相對增長的表現。

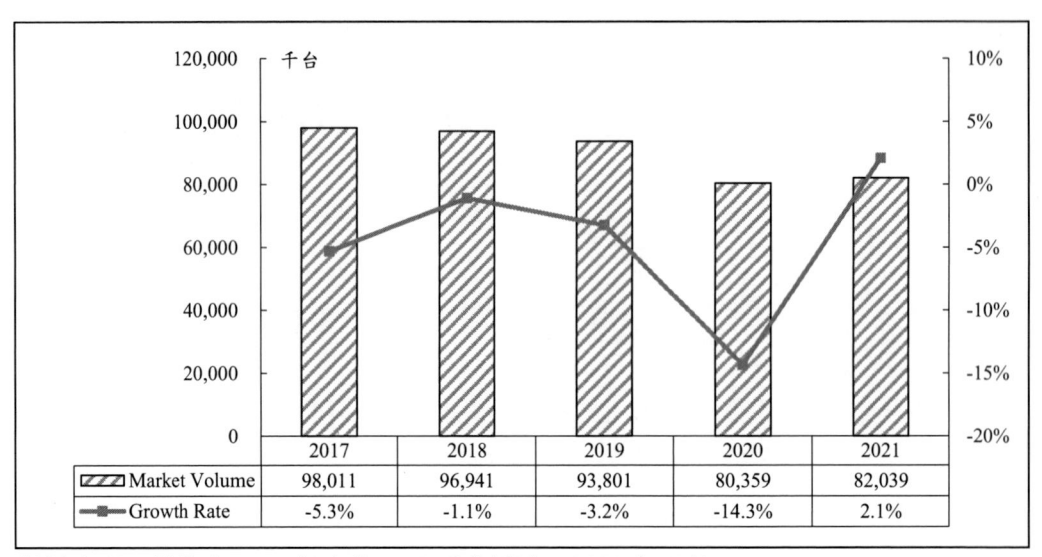

	2017	2018	2019	2020	2021
Market Volume	98,011	96,941	93,801	80,359	82,039
Growth Rate	-5.3%	-1.1%	-3.2%	-14.3%	2.1%

資料來源：資策會 MIC 經濟部 ITIS 研究團隊，2022 年 6 月

圖 3-1　2017-2021 年全球桌上型電腦市場規模

北美的主要國家美國在 2021 年經濟表現高於 2020 年，主因是受到政府大規模財政刺激政策與極低利率的推動，加上疫苗覆蓋率在 2021 下半年的攀升，民眾陸續回歸正常生活，成為推升經濟成長的主要動力。

2021 年北美桌上型電腦市場規模約 15,793 千台，較 2020 年成長 3.8%，優於全球桌上型電腦市場的成長率。究其原因，因為疫情在 2021 下半年逐漸受到控制，各地陸續解封後企業也紛紛讓員工回歸辦公室上班模式，連帶推升對商用桌機的市場需求。供給端方面雖然整年度均面臨缺料的問題，但美系的 HP 與 Dell 等大型品牌商因為量大而擁有優先取得料件的順位，因此北美桌機市場受到的影響相對較小。

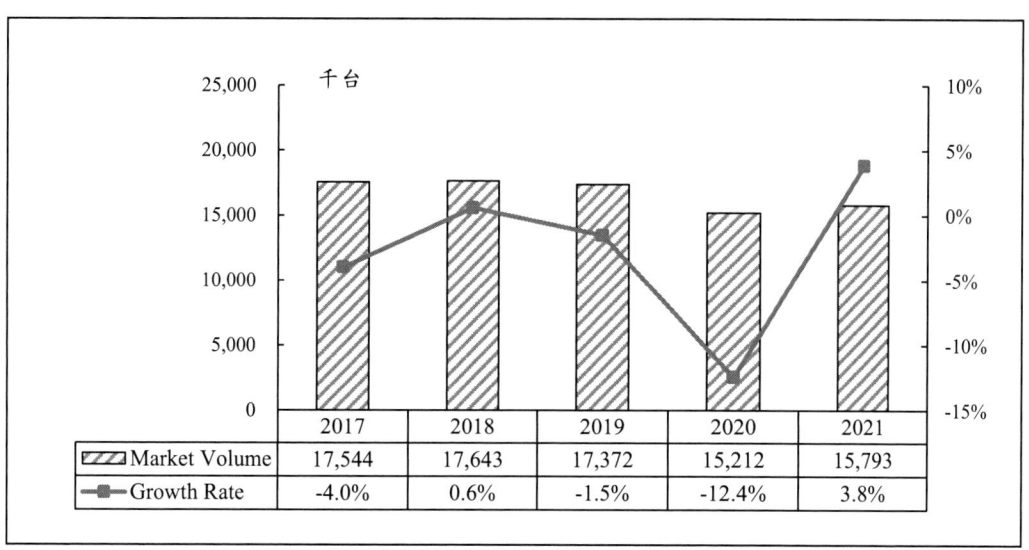

年份	2017	2018	2019	2020	2021
Market Volume	17,544	17,643	17,372	15,212	15,793
Growth Rate	-4.0%	0.6%	-1.5%	-12.4%	3.8%

資料來源：資策會 MIC 經濟部 ITIS 研究團隊，2022 年 6 月

圖 3-2　2017-2021 年北美桌上型電腦市場規模

　　西歐國家 2021 年經濟表現高於 2020 年，主要原因是經濟逐漸從疫情引發的衰退中恢復，以及西歐各個國家成功的加大疫苗接種力度，促成經濟活動的復甦。

　　隨著下半年開始西歐國家疫情漸受控制，各國陸續發表解封措施，雖然入冬後變種病毒 Omicron 再度席捲全球，不過西歐政府採取與病毒共存的策略，因此維持解封計畫之外，部分企業亦紛紛宣布員工回歸辦公室工作模式，推升商用桌機需求的回溫。西歐 2021 年桌上型電腦市場規模約 7,425 千台，較 2020 年成長 3.6%。

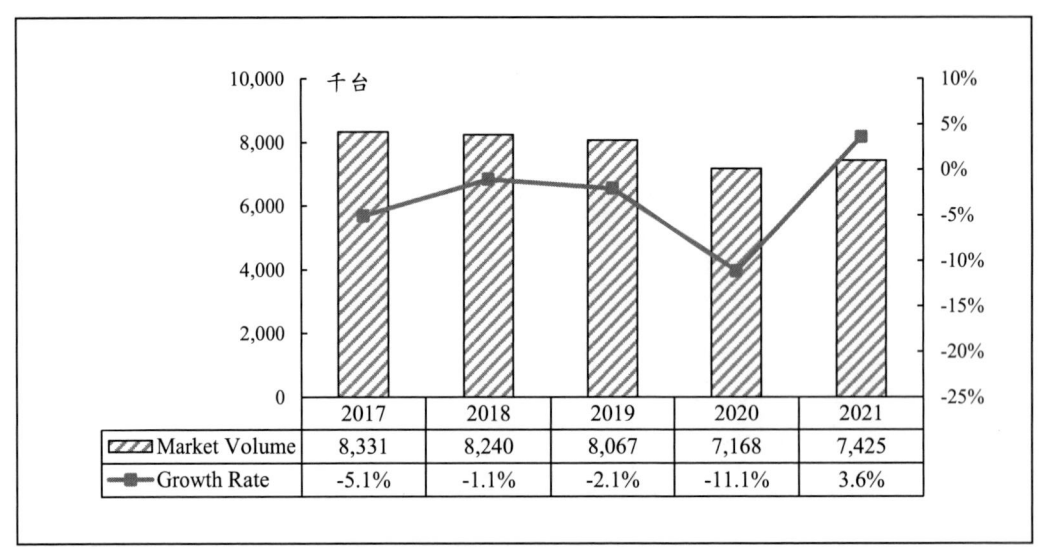

	2017	2018	2019	2020	2021
Market Volume	8,331	8,240	8,067	7,168	7,425
Growth Rate	-5.1%	-1.1%	-2.1%	-11.1%	3.6%

資料來源：資策會 MIC 經濟部 ITIS 研究團隊，2022 年 6 月

圖 3-3　2017-2021 年西歐桌上型電腦市場規模

　　日本地區 2021 年桌上型電腦整體出貨規模約 2,018 千台，相較於 2020 年微幅衰退 0.3%。疫情期間日本政府為快速解決遠距教學建設不足的問題而推出的「GIGA School」構想（亦即日本全國中小學每位學生配置一台電腦設備的標案計畫）直至 2021 上半年依舊強勢，教育標案的刺激帶動教育筆電需求持續，卻反倒擠壓了部分桌機市場的需求表現。進入下半年日本疫情依舊不甚樂觀，因日本政府趨向清零而非與病毒共存的政策，因此在員工居家辦公與學生線上學習的模式仍持續進行的情況下，導致原本預期該有的商用桌機需求動能依舊不旺。

　　值得慶幸的是，由於日本地狹人稠，辦公室及居家空間較小，不占空間且可同時做為電視使用的 AIO PC，以及小升數的 Mini PC 受到日本消費者青睞，受惠 Apple iMac 新機的推出與 HP、聯想等新機種的量產販售，新品效應加持下吸引日本地區消費者的購買意願。

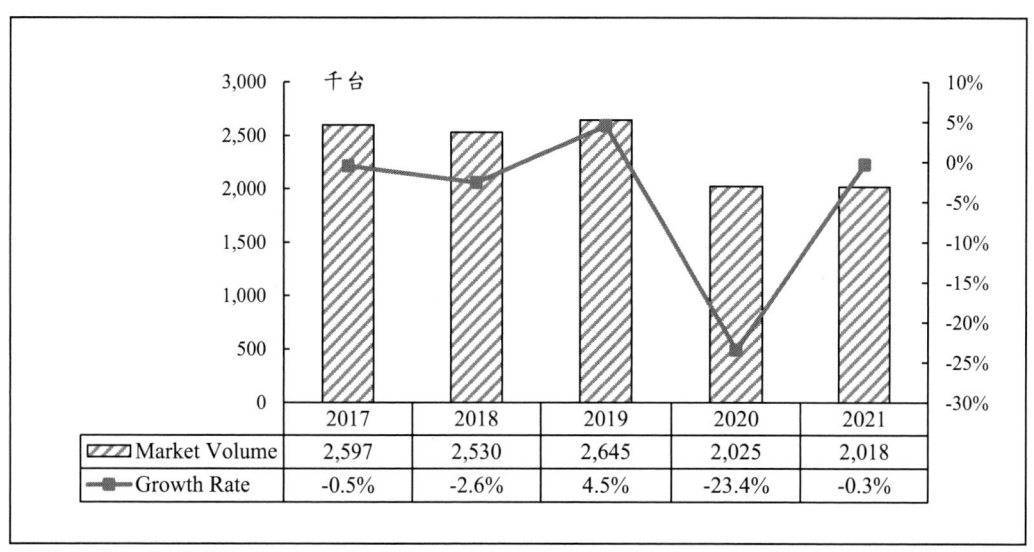

	2017	2018	2019	2020	2021
Market Volume	2,597	2,530	2,645	2,025	2,018
Growth Rate	-0.5%	-2.6%	4.5%	-23.4%	-0.3%

資料來源：資策會 MIC 經濟部 ITIS 研究團隊，2022 年 6 月

圖 3-4　2017-2021 年日本桌上型電腦市場規模

　　亞洲之新興市場是桌機最大宗出貨地區，占比約達 45.7%，相較於 2020 年下滑 0.8% 之主要因素為中國大陸政府自 2019 年底，宣布公部門必須在 3 年內淘汰外國電腦設備改採國產 In-House 模式，預計於 2022 年底完成，因此，中國大陸品牌商聯想的桌機產品自製比重正逐年提高。

　　進一步觀察 2021 年中國大陸桌機市場出貨狀況，中國大陸因為受疫情影響多時，間接讓當地的民眾消費習慣轉趨保守，進而衝擊非民生必需品的電腦設備購買力道。東南亞市場方面，因疫情自第二季開始爆發，並持續影響至第三季，連原本在 2020 年還是東南亞防疫模範生的國家－越南，在 2021 年仍逃不過被病毒反撲的影響，疫情的升溫導致該地區對於桌機需求的降低。整體而言，2021 年亞洲桌上型電腦市場規模達 37,492 千台，相較於 2020 年僅成長 0.3%，歸納轉趨小幅成長的原因應與 2020 年基期相對較低有關。

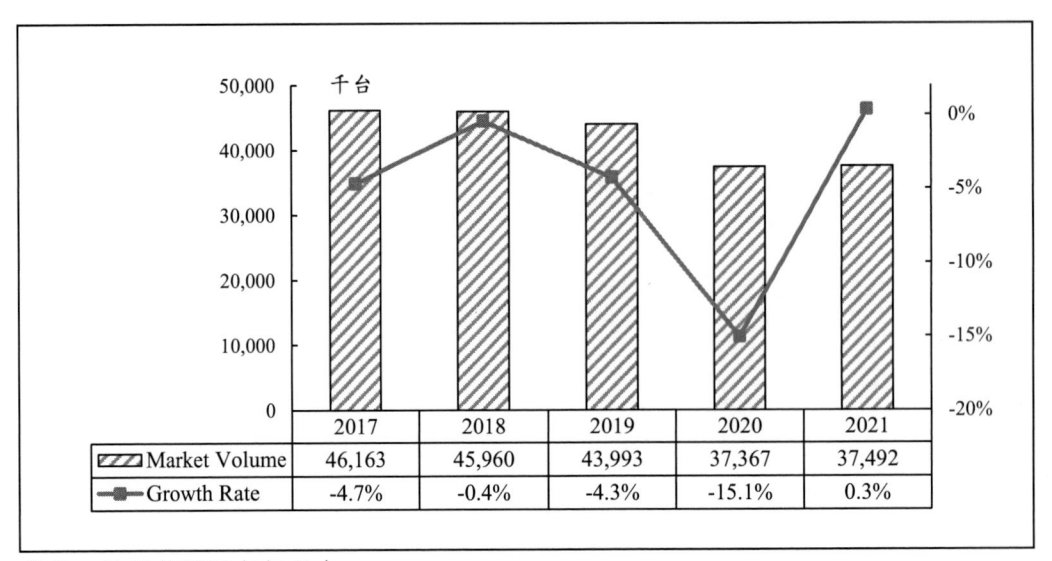

	2017	2018	2019	2020	2021
Market Volume	46,163	45,960	43,993	37,367	37,492
Growth Rate	-4.7%	-0.4%	-4.3%	-15.1%	0.3%

備註：統計範圍不包括日本
資料來源：資策會 MIC 經濟部 ITIS 研究團隊，2022 年 6 月

圖 3-5　2017-2021 年亞洲桌上型電腦市場規模

　　其他地區市場包含南美洲、中東等地區，多為發展中新興市場，桌上型電腦雖相對受到消費者青睞，亦面臨筆記型電腦及其他行動裝置的競爭。2021 年疫情仍持續蔓延，然下半年開始主要推動力來自於政府及企業端的需求增溫，由於此區域以中低階產品為主要需求，加上上半年交期多有延後的遞延效益加持，推升桌機產品的出貨表現成長。

　　值得留意的是，隨著 2021 下半年進入傳統電競市場旺季，其他區域市場的電競產業繁盛，電競桌機需求持續增溫，除了受惠遊戲大廠於下半年推出旗下新作，包含 Twitch、YouTube 等社群與影音串流平台也湧進了更多的遊戲直播主加入，因而帶動玩家對設備升級的需求。整體而言，2021 年其他地區桌上型電腦市場規模約 19,230 千台，年成長率約 3.5%。

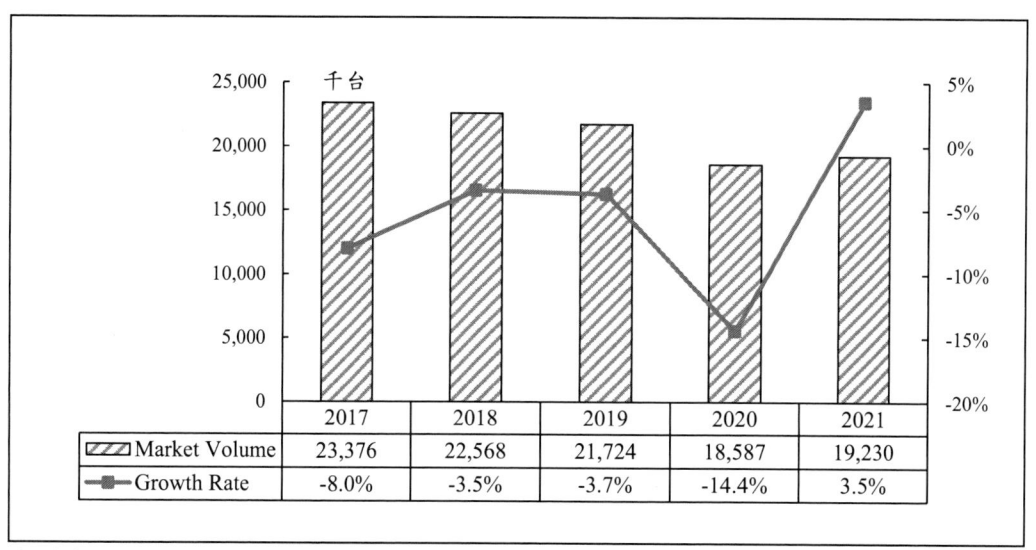

	2017	2018	2019	2020	2021
Market Volume	23,376	22,568	21,724	18,587	19,230
Growth Rate	-8.0%	-3.5%	-3.7%	-14.4%	3.5%

資料來源：資策會 MIC 經濟部 ITIS 研究團隊，2022 年 6 月

圖 3-6　2017-2021 年其他地區桌上型電腦市場規模

二、全球筆記型電腦市場分析

　　2021 年全球筆記型電腦市場規模達 249,035 千台，相較 2020 年成長 24.3%，占全球傳統個人電腦市場（不含平板電腦）比重約 75.2%。因應疫情下遠距生活的持續，企業端及消費端對於筆電的使用需求持續提升，除了處理器大廠每年針對效能、功耗優化推出新產品外，微軟（Microsoft）時隔六年再推出新一代作業系統 Windows 11，以及近年來憑藉自製晶片的優異表現搶攻筆電市場占有率的 Apple，於 2021 年的秋季發表會推出搭載自製處理器的新品等，皆對 2021 年全球筆電市場規模造成正向的影響。

　　除此之外，原先困擾筆電出貨表現的零組件長短料問題，在各家品牌廠及 ODM 廠商的積極追料下，於 2021 年第四季有了明顯改善，也促使單季筆電出貨大幅增長，推升 2021 年全球筆電市場規模的成長幅度。

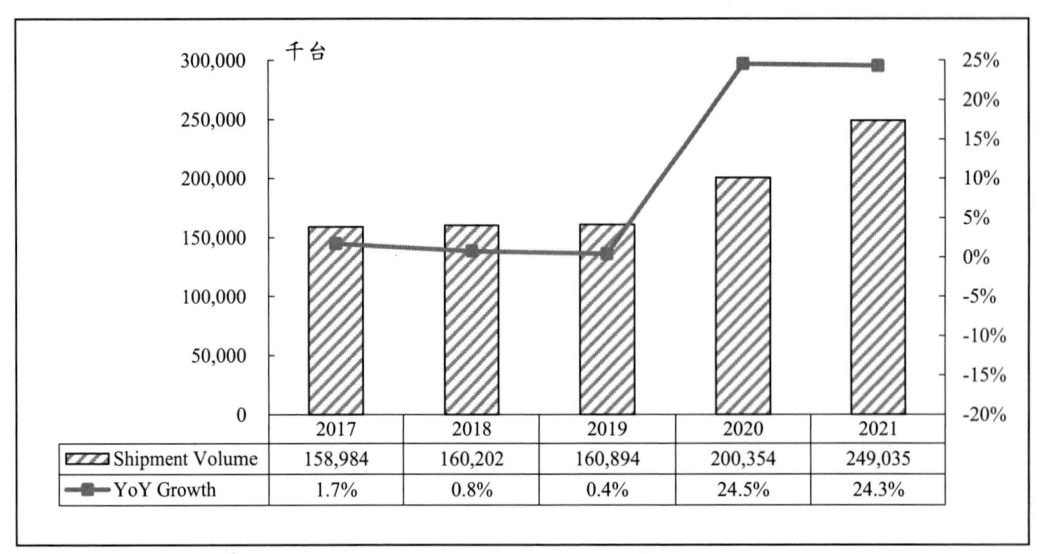

	2017	2018	2019	2020	2021
Shipment Volume	158,984	160,202	160,894	200,354	249,035
YoY Growth	1.7%	0.8%	0.4%	24.5%	24.3%

資料來源：資策會 MIC 經濟部 ITIS 研究團隊，2022 年 6 月

圖 3-7　2017-2021 年全球筆記型電腦市場規模

在 COVID-19 疫情的帶動下，北美市場連續兩年市場規模年成長率超過 20%，2021 年北美筆電市場規模年成長 22.8%，達約 82,929 千台。受惠 Chromebook 機種在北美市場接受度較其他地區高，2021 上半年在北美標案持續的狀況下，讓該地區出貨量大幅增長，然而教育需求的逐漸飽和，以及相關教育標案的逐漸收斂，讓北美 Chromebook 市場於 2021 下半年起大幅衰退，也使得 2021 年的北美筆電市場呈現後繼無力的狀況。

從品牌廠在北美市場的表現來看，本土品牌的 Dell 及 HP 為北美市場市占率最大的兩大主要品牌，在北美市場約占五成的市占率，後續則依次為聯想、Apple 及宏碁（Acer）。受惠北美教育需求的增長，Dell 及 HP 自 2020 年至 2021 上半年，在 Chromebook 的銷售上大幅提升，然而隨著北美地區於 2021 下半年解封後恢復實體上班上課的狀況下，讓當地 Chromebook 需求趨緩，也使得以 Chromebook 為主力的 HP 在北美市場的出貨量於 2021 年第三季後衰退較為明顯，Dell 則相對因為商用需求的填補，使其在北美市場表現仍舊維持不錯表現。

另外，北美市場前三大品牌廠中唯一非美系品牌的聯想，近年則持續憑藉低價策略提高在北美的銷售份額，至於排名第五的宏碁近年來積極搶占北美市場，以消費性筆電及電競筆電吸引北美市場消費者的目光，同時由於宏碁在 Chromebook 機種推行之初，便積極在北美市場推廣相關產品線，因此在 2021 上半年也獲得北美教育需求的一杯羹。

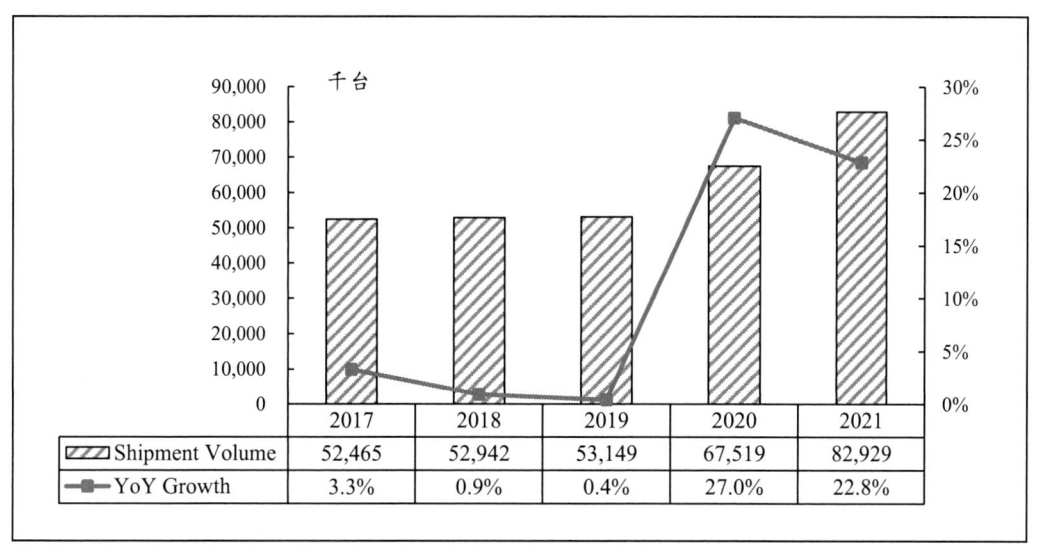

	2017	2018	2019	2020	2021
Shipment Volume (千台)	52,465	52,942	53,149	67,519	82,929
YoY Growth	3.3%	0.9%	0.4%	27.0%	22.8%

資料來源：資策會 MIC 經濟部 ITIS 研究團隊，2022 年 6 月

圖 3-8　2017-2021 年北美筆記型電腦市場規模

2021 上半年，西歐市場因疫苗施打進展緩慢，使得春季確診人數大幅飆升，迫使歐洲政府重新宣布封鎖令，讓西歐地區經濟再度陷入緊縮，所幸隨後在疫苗覆蓋率的提升下，各地政府陸續宣布解封，西歐筆電市場的產品組合也從原先的教育筆電，轉為因應回歸辦公室的商用機種，帶動西歐筆電市場的增長，2021 年西歐筆電市場規模約為 55,535 千台，年增率達 24.3%。

同時，隨著近年來西歐電競筆電市場的快速增長，臺灣品牌廠商宏碁、華碩（ASUS）也積極因應當地喜好，布局西歐電競筆電市場。其中，歐洲電競大本營的德國，不僅聚集相當多的電競玩家，同時也

是全球重要的遊戲市場，龐大的電競商機也吸引了宏碁的投入，讓宏碁持續藉由擴大電競生態圈，搶占西歐市場電競筆電市占率。

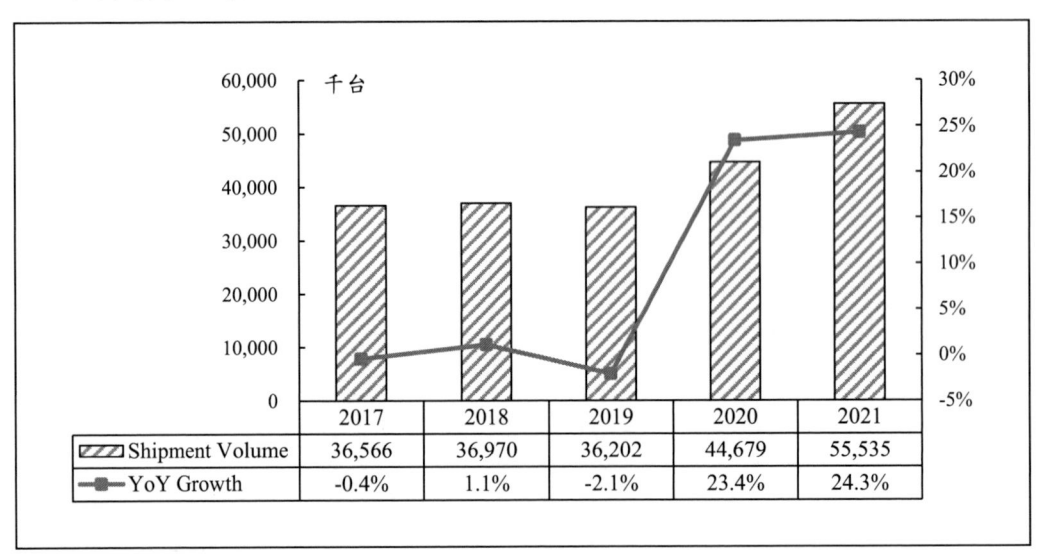

	2017	2018	2019	2020	2021
Shipment Volume	36,566	36,970	36,202	44,679	55,535
YoY Growth	-0.4%	1.1%	-2.1%	23.4%	24.3%

資料來源：資策會 MIC 經濟部 ITIS 研究團隊，2022 年 6 月

圖 3-9　2017-2021 年西歐筆記型電腦市場規模

2020 年第三季起，日本政府積極推動「GIGA School」構想，編列超過 2,000 億日圓的預算購置學習用電子產品，促使日本中小學的筆電採購計畫如火如荼的進行，推升了 2020 年日本筆電市場的大幅增長。時至 2021 年，歷經前一年度政府及消費者對於教育筆電的大量採購後，日本 GIGA School 教育標案的需求於 2021 上半年告一段落，原預期相關教育標案將有望擴大至高中生層級，然後續並未以政府統一採購的形式進行，且相關政策限制較多，也因而使得 2021 下半年日本筆電市場出貨量明顯放緩，2021 年日本筆電市場規模為 10,459 千台，年增率僅小幅成長 8.8%。

從品牌廠表現來看，日本筆電市場中的重要品牌廠日本電氣（NEC）及富士通（Fujitsu），在日本教育標案推出之時，就以在地品牌及具競爭力的產品價格，成為政府採購的首選廠牌，面對 2021 下半年教育筆電需求的減弱，也使得兩家日本品牌的出貨狀況不如預期。

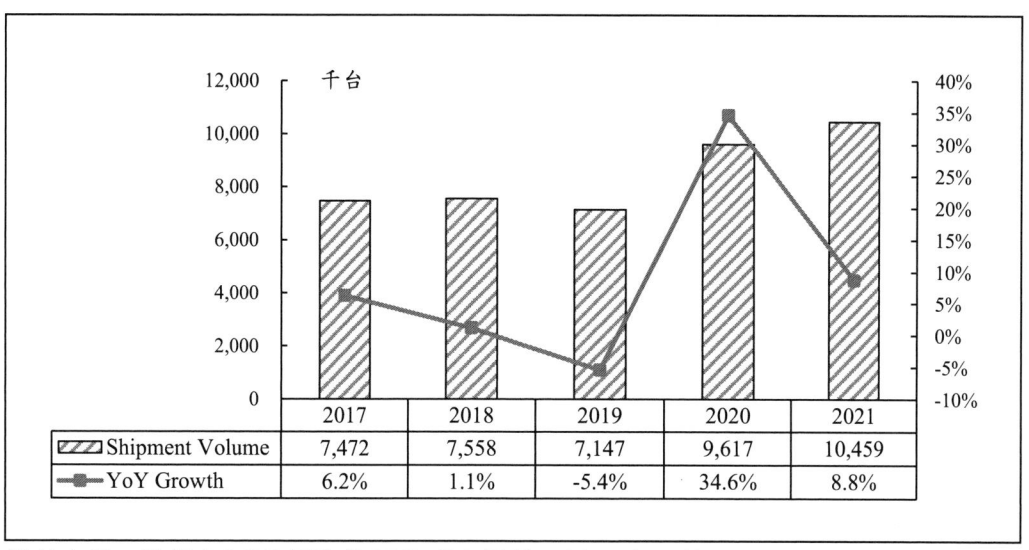

	2017	2018	2019	2020	2021
Shipment Volume	7,472	7,558	7,147	9,617	10,459
YoY Growth	6.2%	1.1%	-5.4%	34.6%	8.8%

資料來源：資策會 MIC 經濟部 ITIS 研究團隊，2022 年 6 月

圖 3-10　2017-2021 年日本筆記型電腦市場規模

　　除了日本之外，亞洲市場包含中國大陸、韓國、東南亞與南亞等，筆電市場規模年成長率 27.8%，達約 72,469 千台。其中，中國大陸市場以當地品牌廠為主，陸系品牌包含聯想、華為、小米等均將耕耘重心放置於中國大陸本地，並以低價策略搶占中國大陸市場。

　　東南亞市場方面，近年來東南亞地區在電競領域展現強勁的成長動力，臺灣筆電廠宏碁、華碩、微星（MSI）等在當地均擁有相當不錯的市占率。如華碩在菲律賓、新加坡、馬來西亞及印尼等市場持續投注資源擴展電競生態圈，透過線上社群平台的推廣能力，與當地直播主、網紅及電競戰隊等，在產品使用情境上進行分享，進一步建立品牌競爭力。宏碁同樣長期耕耘於東南亞市場，藉由線上、線下行銷策略的結合，在越南電競筆電市場擁有一席之地。

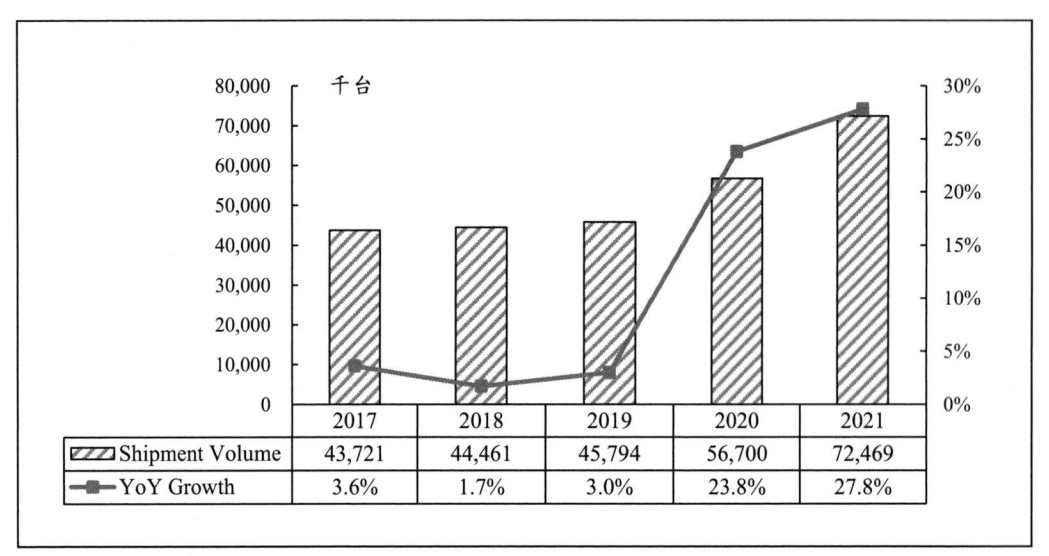

	2017	2018	2019	2020	2021
Shipment Volume	43,721	44,461	45,794	56,700	72,469
YoY Growth	3.6%	1.7%	3.0%	23.8%	27.8%

備註：統計範圍不包括日本
資料來源：資策會MIC 經濟部ITIS研究團隊，2022年6月

圖3-11　2017-2021年亞洲筆記型電腦市場規模

　　至於在其他市場方面，包含中南美洲、中東等，同樣受惠於疫情帶動筆電需求提升影響，讓該地區筆電出貨量較2020年成長，同時，在當地電競賽事及電競直播主的推波助瀾下，電競筆電市場大幅增長，臺廠的宏碁、華碩近期更是加大在中南美洲的銷售策略，著重玩家喜好並結合當地行銷策略，成功打進電競玩家市場。疫後需求再加上快速增長的電競需求，讓2021年中南美洲及中東地區的成長幅度達26.6%，筆電市場規模約達27,643千台。

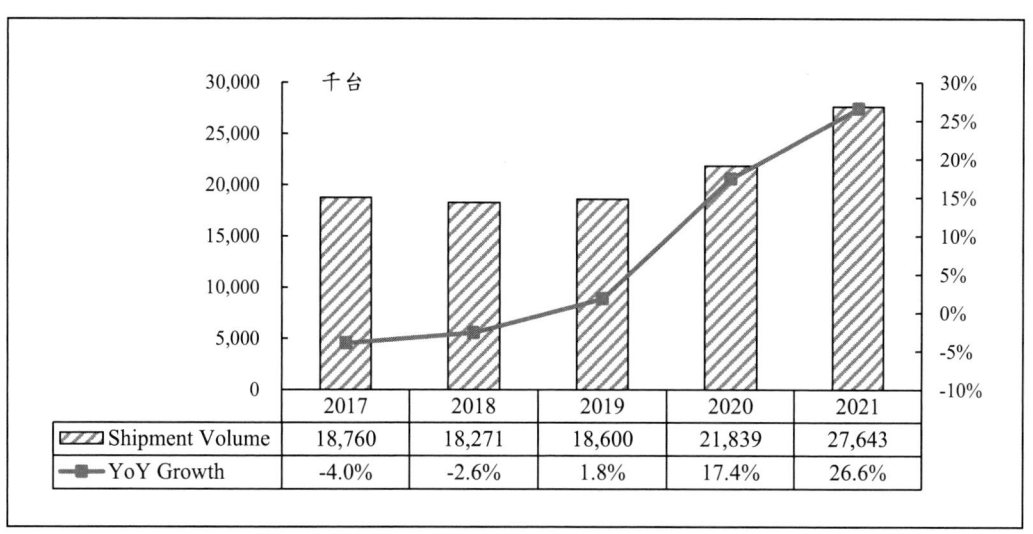

	2017	2018	2019	2020	2021
Shipment Volume	18,760	18,271	18,600	21,839	27,643
YoY Growth	-4.0%	-2.6%	1.8%	17.4%	26.6%

資料來源：資策會 MIC 經濟部 ITIS 研究團隊，2022 年 6 月

圖 3-12　2017-2021 年其他地區筆記型電腦市場規模

三、全球伺服器市場分析

　　全球伺服器市場規模在 2021 年達 12,987 千台，相較 2020 年成長 4.5%。2021 年在 COVID-19 疫情的影響下，全球遠距上班與雲端服務量提升，促使美國亞馬遜（Amazon）、微軟（Microsoft）、谷歌（Google）及 Meta 等雲端服務商興建資料中心。然而疫情也造成全球不定期停工、缺料、塞港等現象，使得伺服器訂單出現遞延及供不應求的情形，並使部分全球伺服器市場需求累積至 2022 年。

　　在伺服器處理器動態方面，Intel 於 2021 年 8 月的架構日當中，公布其對於下一代 CPU Sapphire Rapids、Intel Xe-HPC 系列 GPU Ponte Vecchio 的細部製程，亦推出基礎建設處理器（IPU）產品。當中推出的 Mount Evans 產品與資料處理器（DPU）產品概念相似，預計將與英偉達（NVIDIA）所推出的 Blue Field DPU 以及美滿電子（Marvell）Octeon DPU 產生競爭。AMD 在 2021 年第一季推出第三代 EPYC 代號「Milan」的 CPU，與此同時積極發展面向資料中心的 GPU 產品，並透過併購賽靈思（XILINX）布局 FPGA 市場。NVIDIA 則在 2021 年 4 月宣布將於 2023 年推出基於安謀（Arm）架構的 Grace

CPU。此外，基於 Arm 架構的 CPU 如 AWS Graviton、Ampere Altra 等產品也在持續更新。

在國際局勢方面，在美國乾淨網路等政策的影響之下，美系客戶如雲端服務商 AWS、Microsoft、Google 等以及伺服器品牌商 Dell EMC、HPE 等開始對資安產生更嚴格的要求，並希望能在中國大陸以外的地方生產。而中系客戶如聯想、浪潮、華為等，則基於當地要求或成本考量因素，維持於中國大陸進行生產。

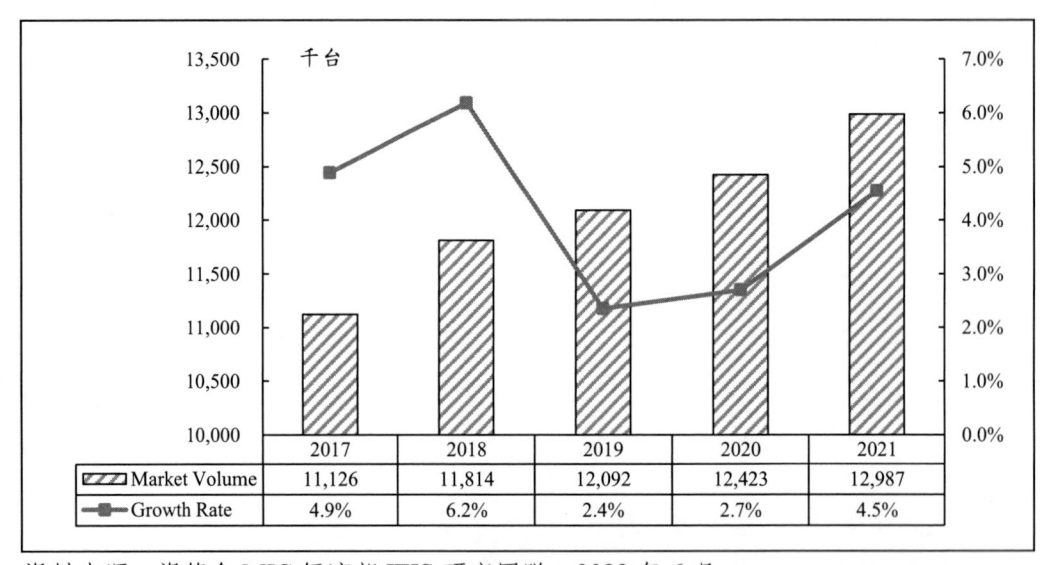

	2017	2018	2019	2020	2021
Market Volume (千台)	11,126	11,814	12,092	12,423	12,987
Growth Rate	4.9%	6.2%	2.4%	2.7%	4.5%

資料來源：資策會 MIC 經濟部 ITIS 研究團隊，2022 年 6 月

圖 3-13　2017-2021 年全球伺服器市場規模

從區域市場發展來觀察，2021 年北美的全球占比為 46.9%，市場規模達 6,095 千台，為全球最大的市場，市場成長率為 4.9%。2021 年全球在疫情之下對於遠距上班、雲端服務及影音串流等需求持續上升，AWS、Microsoft、Google 及 Meta 等雲端服務商，加大投資於雲端之資本支出，在全球興建資料中心。另一方面，Equinix、Digital Reality 等美系全球資料中心託管商，也在企業用戶的需求下，增加資料中心的數量，促成 2021 年北美伺服器市場規模仍在擴大。

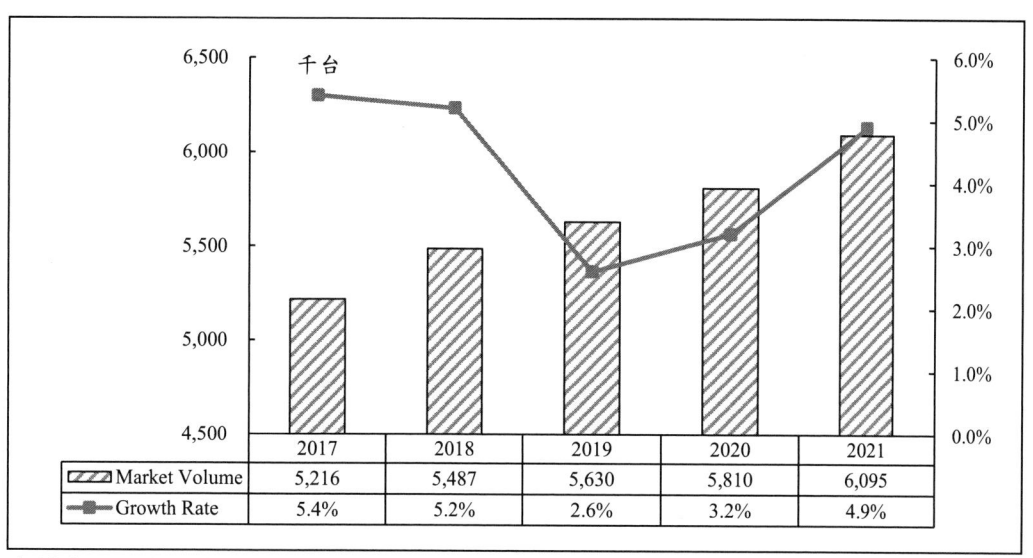

	2017	2018	2019	2020	2021
Market Volume	5,216	5,487	5,630	5,810	6,095
Growth Rate	5.4%	5.2%	2.6%	3.2%	4.9%

資料來源：資策會 MIC 經濟部 ITIS 研究團隊，2022 年 6 月

圖 3-14　2017-2021 年北美伺服器市場規模

2021 年西歐的市場規模達 1,871 千台，年成長率為 2.6%。歐盟對於《一般資料保護規範》(General Data Protection Regulation, GDPR)的規範趨嚴，2021 年對雲端服務商提出數起裁罰，包含 2021 年 7 月 Amazon 遭罰 7.46 億歐元、2021 年 10 月 WhatsApp 遭罰 2.25 億歐元及 2021 年 12 月 Google 遭罰 1.5 億歐元。種種跡象顯示出歐盟要求雲端服務商要於當地興建資料中心，確保數據安全並儲存於歐盟境內，藉此來維護個資安全。

除此之外，從 2020 年即開始推動的 GAIA-X 歐洲資料基礎架構計畫，主旨為保留數據主權及去中心化，致力建構歐洲聯合數據基礎設施，促使歐洲當地伺服器品牌商開始崛起，歐洲電信商亦開始部署資料中心，因此伺服器市場呈現成長的趨勢。

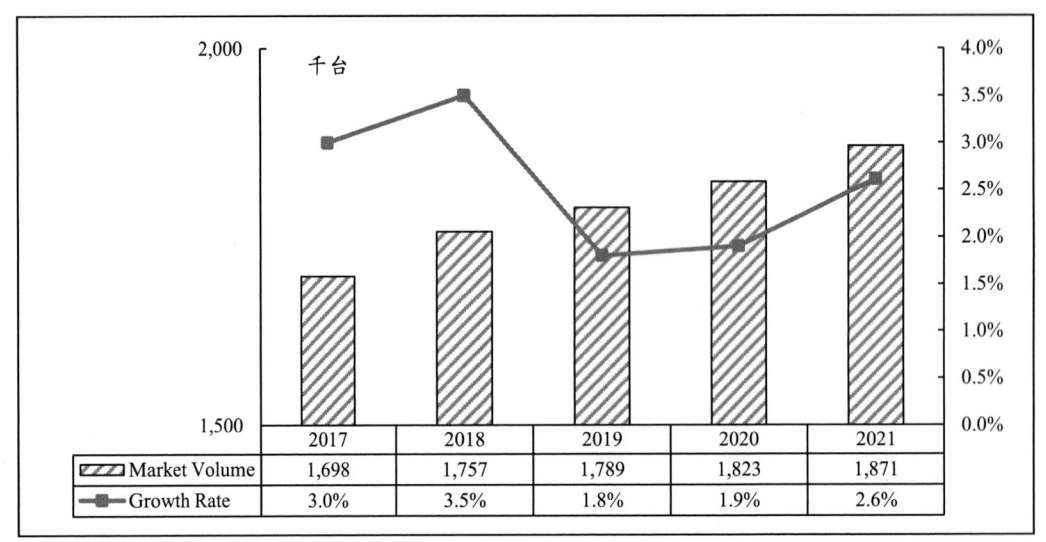

	2017	2018	2019	2020	2021
Market Volume	1,698	1,757	1,789	1,823	1,871
Growth Rate	3.0%	3.5%	1.8%	1.9%	2.6%

資料來源：資策會 MIC 經濟部 ITIS 研究團隊，2022 年 6 月

圖 3-15　2017-2021 年西歐伺服器市場規模

2021 年日本伺服器市場規模達 523 千台，年成長率 1.9%。日本擁有包含 Fujitsu、NEC 等伺服器品牌商，近年日本電信業者恩悌悌（NTT）、凱訊（KDDI）等亦在建造自身的資料中心提供租賃給當地企業使用，並且與國際雲端服務商合作搭建 5G 網路。

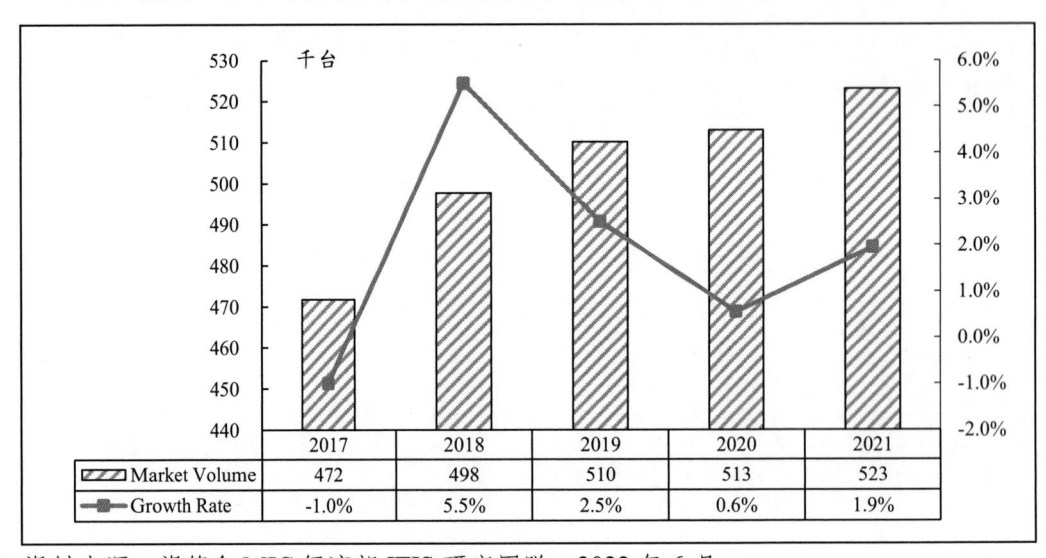

	2017	2018	2019	2020	2021
Market Volume	472	498	510	513	523
Growth Rate	-1.0%	5.5%	2.5%	0.6%	1.9%

資料來源：資策會 MIC 經濟部 ITIS 研究團隊，2022 年 6 月

圖 3-16　2017-2021 年日本伺服器市場規模

除了日本之外，亞洲市場包含中國大陸、東南亞與南亞等，2021年的市場規模達 3,673 千台，年成長率 5.9%，在中國大陸方面，除了既有的雲端服務商阿里巴巴、騰訊、字節跳動及華為外，也推出《新型數據中心發展三年行動計劃（2021-2023 年）》等國家政策，由當地電信商領頭迅速建造資料中心，中國大陸公營電信業者中國電信、中國聯通與中國移動亦為資料中心的重要建造者。此外在東南亞方面，部分雲端服務商亦開始於當地興建資料中心以符合客戶需求。

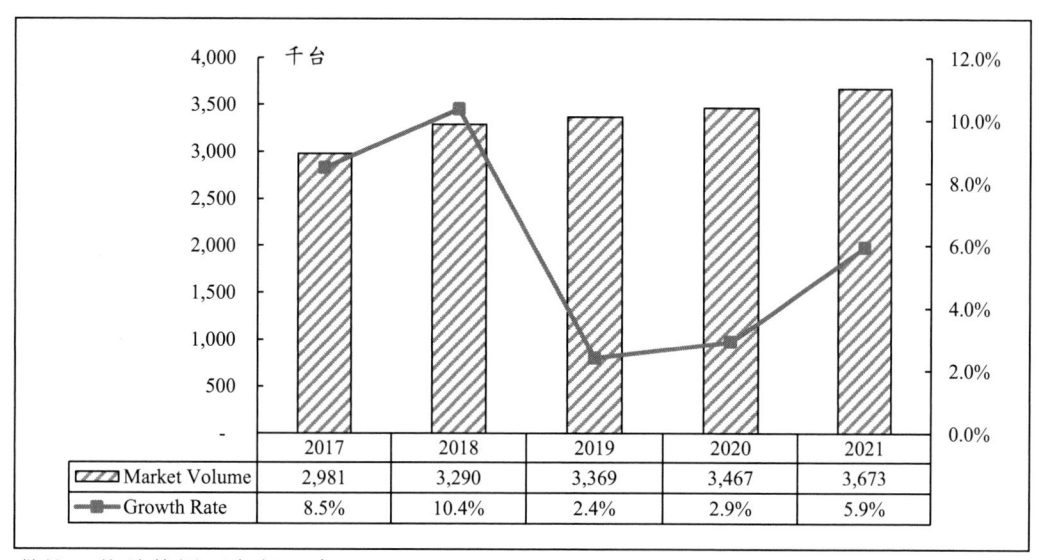

	2017	2018	2019	2020	2021
Market Volume	2,981	3,290	3,369	3,467	3,673
Growth Rate	8.5%	10.4%	2.4%	2.9%	5.9%

備註：統計範圍不包括日本
資料來源：資策會 MIC 經濟部 ITIS 研究團隊，2022 年 6 月

圖 3-17　2017-2021 年亞洲伺服器市場規模

2021 年其他地區伺服器出貨量為 826 千台，年成長率 2.0%。在 COVID-19 疫情影響下，全球各地政府與企業均在進行數位轉型，因此對於伺服器的需求皆有上升。各雲端服務商及資料中心託管商亦在全球興建資料中心，促成其他地區的伺服器市場規模成長。

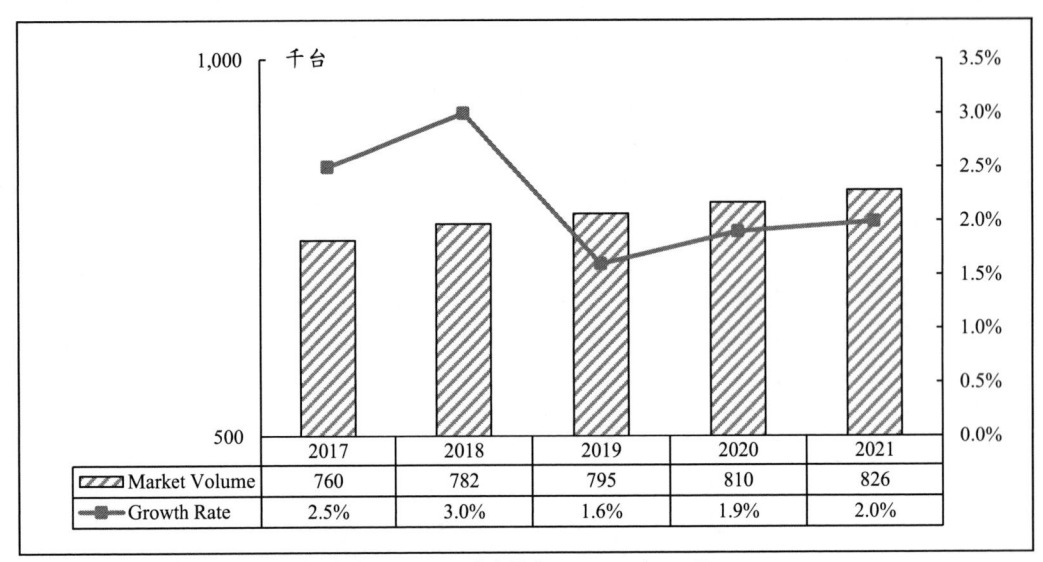

	2017	2018	2019	2020	2021
Market Volume	760	782	795	810	826
Growth Rate	2.5%	3.0%	1.6%	1.9%	2.0%

資料來源：資策會 MIC 經濟部 ITIS 研究團隊，2021 年 7 月

圖 3-18　2017-2021 年其他地區伺服器市場規模

四、全球主機板市場分析

2021 年全球主機板市場規模約 96,908 千片，年成長率約 1.8%。2021 上半年因為 COVID-19 疫情的持續延燒，致使疫情期間主機板市場依舊需求暢旺，受惠宅經濟效益的刺激，包括遊戲需求、在家電腦設備的升級等，以及 2020 年遊戲開發商因疫情而導致作品開發進度的延後，使得部分遊戲大作延至 2021 上半年才發售所衍生的遞延效應，成為主機板出貨的成長動能。下半年開始，包含歐美等先進國家因為疫苗覆蓋率的提升與解封的情況下，消費者開始出現不同的消費行為，以往宅在家時受惠宅經濟需求的助攻讓消費者願意花錢去升級電腦設備，不過在解封後，歐美地區消費者反而把身上的錢進行不一樣的運用，因而影響主機板在歐美地區的購買力。

供給端方面，2021 年整年度均受到缺料問題影響著主機板市場的出貨狀況，主要包含 PMIC、Lan Chip、Audio Codec IC 等元件的長短料供貨缺口，致使部分訂單面臨被迫向後遞延出貨的窘況。

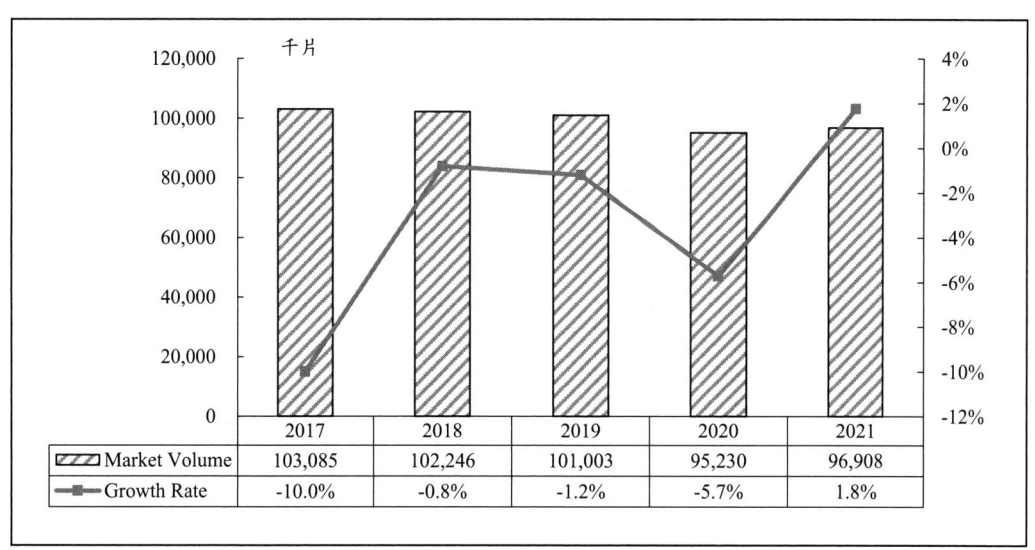

	2017	2018	2019	2020	2021
Market Volume	103,085	102,246	101,003	95,230	96,908
Growth Rate	-10.0%	-0.8%	-1.2%	-5.7%	1.8%

資料來源：資策會 MIC 經濟部 ITIS 研究團隊，2022 年 6 月

圖 3-19　2017-2021 年全球主機板市場規模

　　2021 年北美主機板市場出貨規模約 18,509 千片，年成長率為 2.8%。2021 上半年雖然各國陸續開始施打疫苗，但在遠距辦公不可逆的情況下，疫情所衍生的宅經濟商機依舊持續熱燒，包括遊戲需求、在家電腦設備的升級等，成為推動主機板出貨的成長動能。

　　不過在進入下半年開始，北美因為疫苗覆蓋率的提升與各地區陸續解封的情況下，消費者開始出現不同的消費行為，以往宅在家時受惠宅經濟需求的助攻讓消費者願意花錢去升級電腦設備，然解封後，消費者反而把身上的錢進行不一樣的運用，例如旅遊、聚餐、其他戶外活動等，影響純主機板在北美地區的購買力。所幸疫情趨緩帶動商用桌機市場在下半年的動能轉強，北美市場又以使用美系品牌 HP 與 Dell 為大宗，因此填補了純主機板市場需求減弱的狀況。

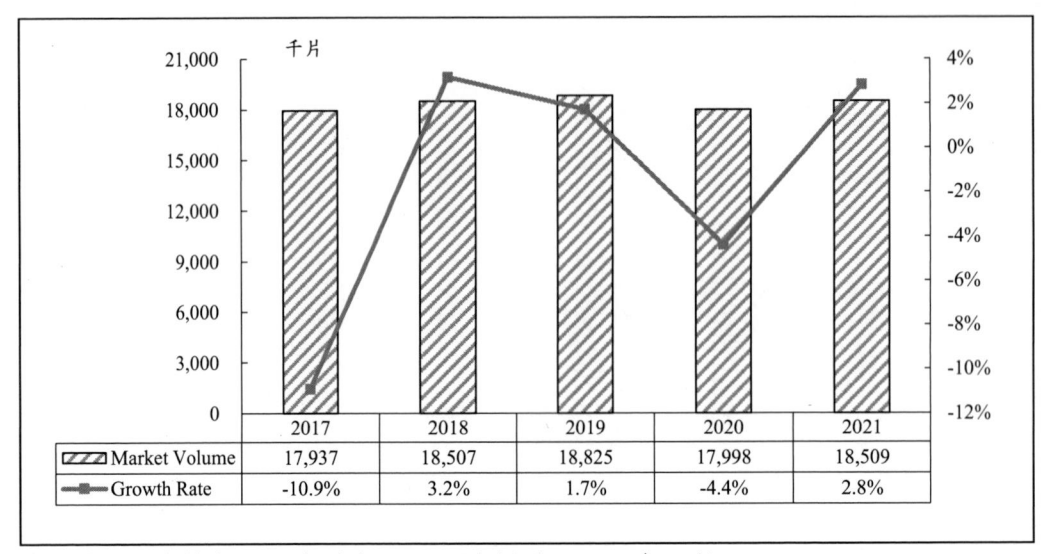

	2017	2018	2019	2020	2021
Market Volume	17,937	18,507	18,825	17,998	18,509
Growth Rate	-10.9%	3.2%	1.7%	-4.4%	2.8%

資料來源：資策會 MIC 經濟部 ITIS 研究團隊，2022 年 6 月

圖 3-20　2017-2021 年北美主機板市場規模

　　2021 年西歐主機板市場出貨規模約 11,920 千片，年成長率為 3.4%。西歐地區同樣受到疫情的影響，使得民眾被迫宅在家而衍生宅經濟需求的旺盛，帶動消費用的主機板市場需求增長。不過在進入下半年後，西歐主要國家陸續採取「與病毒共存」的防疫態度，民眾對疫情的意識也漸趨疲乏，因此儘管變種病毒入冬後再度反撲，仍然沒有暫停西歐地區朝向回歸正常生活軌道的發展，只有在部分地區因為疫情惡化嚴重才不得不重新實施封鎖禁令。因此在宅經濟需求相對上半年退燒的情況下，主機板市場規模僅呈現小幅成長。

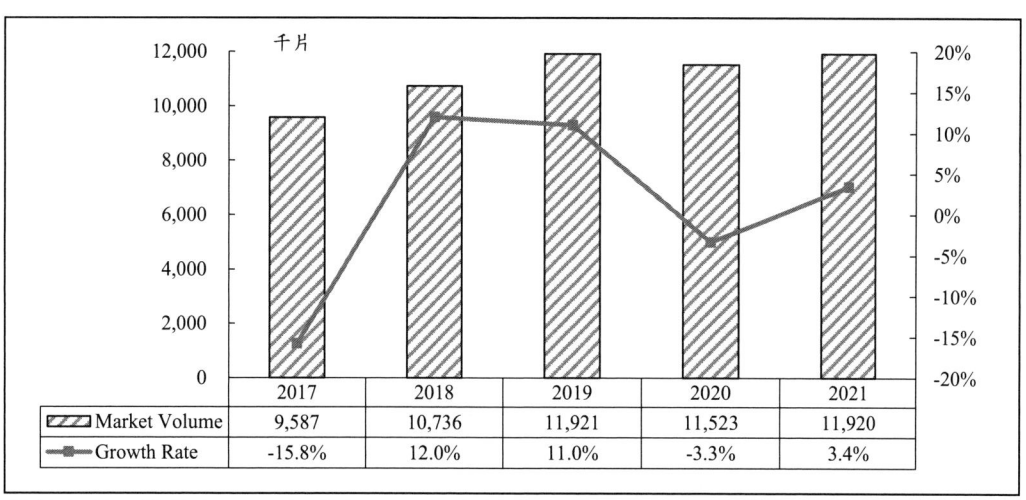

	2017	2018	2019	2020	2021
Market Volume	9,587	10,736	11,921	11,523	11,920
Growth Rate	-15.8%	12.0%	11.0%	-3.3%	3.4%

資料來源：資策會 MIC 經濟部 ITIS 研究團隊，2022 年 6 月

圖 3-21　2017-2021 年西歐主機板市場規模

　　2021 年日本主機板市場出貨規模約 1,647 千片，年衰退率為 8.9%。2021 年日本持續籠罩在 COVID-19 疫情的陰霾中，疫情期間受惠遠距工作帶來的需求，以及 GIGA School 教育標案的推動，消費者多以選購筆電為多，因而降低對桌機產品的需求。此外，日本消費者偏好 AIO PC、mini PC 等產品，PC DIY 客群的持續流失也是造成主機板需求呈現負成長的因素。

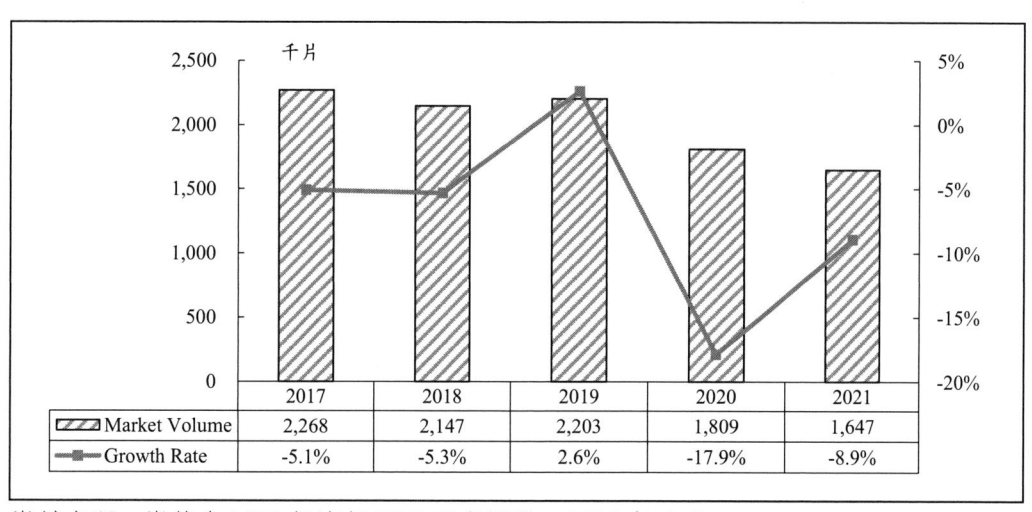

	2017	2018	2019	2020	2021
Market Volume	2,268	2,147	2,203	1,809	1,647
Growth Rate	-5.1%	-5.3%	2.6%	-17.9%	-8.9%

資料來源：資策會 MIC 經濟部 ITIS 研究團隊，2022 年 6 月

圖 3-22　2017-2021 年日本主機板市場規模

2021年亞太地區主機板市場出貨規模約51,846千片,年成長率為1.8%。中國大陸是亞太地區最大的市場,然美中關稅戰火並未隨著美國前總統川普(Donald Trump)下台而落幕,因2020年中宣布的2,000億美元產品豁免權僅至2020年12月31日止,意即自2021年1月1日起,包含電腦主機板、伺服器主機板與顯示卡等產品關稅都從零變成25%,倘若商品輸美是從中國大陸組裝而來,都須加徵這一層關稅,此舉也讓主機板價格應聲上漲,連帶影響消費者購買意願。

東南亞市場方面,2021年因為挖礦熱潮導致顯示卡缺貨嚴重,因此板卡業者在銷售顯示卡給當地通路端時會連同主機板一起販售,也就是當地的代理商為了想要買到顯示卡會連同主機板一併購買,反倒推升純主機板在東南亞市場的出貨表現。

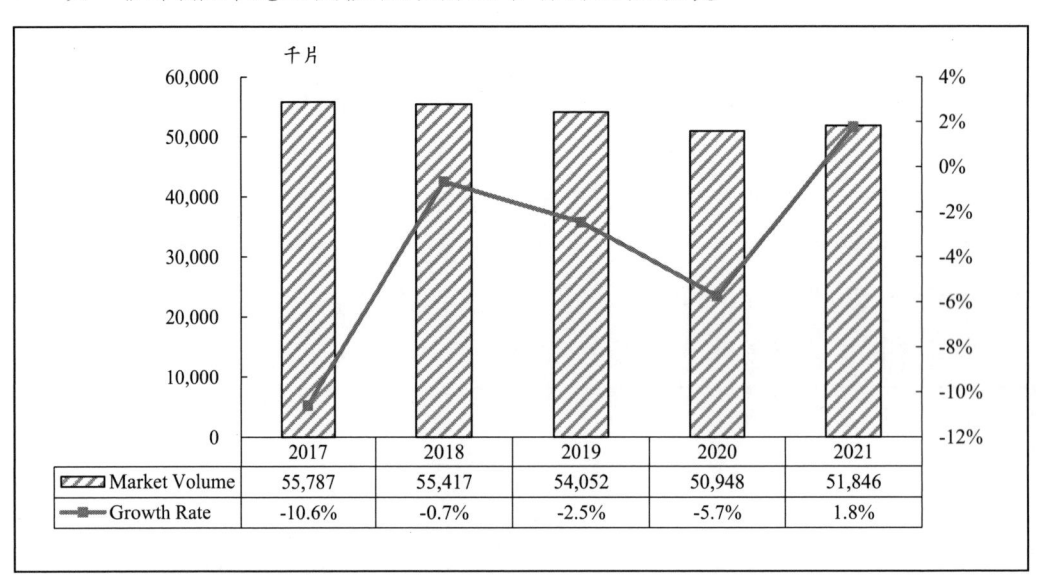

	2017	2018	2019	2020	2021
Market Volume	55,787	55,417	54,052	50,948	51,846
Growth Rate	-10.6%	-0.7%	-2.5%	-5.7%	1.8%

備註:統計範圍不包括日本
資料來源:資策會MIC經濟部ITIS研究團隊,2022年6月

圖3-23　2017-2021年亞洲主機板市場規模

2021 年其他發展中新興市場，如南美洲、中東、東歐等地區，主機板市場規模約 12,986 千片，年成長率為 0.3%。此區域桌上型電腦仍受消費者青睞，但也面臨筆記型電腦及其他行動裝置的競爭。2021 年持續受到疫情的衝擊、中東地區包含敘利亞內戰以及塔利班掌控阿富汗政權等內亂影響經濟表現。加上缺料事件持續延燒，中低階產品因為毛利較低，因此供貨順位相對較後，致使以中低階主機板機種為主流的其他發展中新興市場出貨受影響，不過因 2020 年基期相對較低，使得 2021 年出貨規模呈現近乎持平的表現。

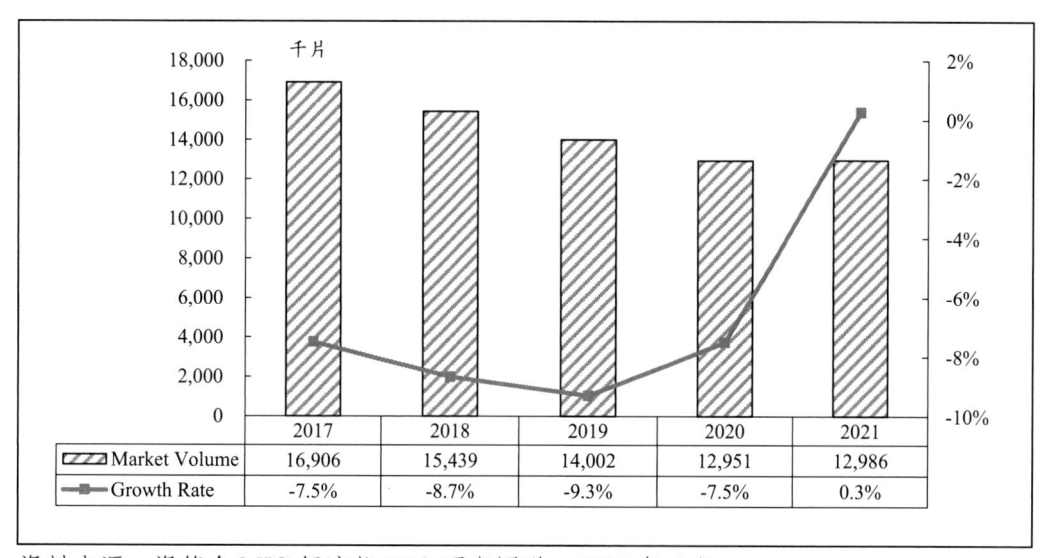

	2017	2018	2019	2020	2021
Market Volume	16,906	15,439	14,002	12,951	12,986
Growth Rate	-7.5%	-8.7%	-9.3%	-7.5%	0.3%

資料來源：資策會 MIC 經濟部 ITIS 研究團隊，2022 年 6 月

圖 3-24　2017-2021 年其他地區主機板市場規模

第四章 ｜臺灣資訊硬體產業個論

一、臺灣桌上型電腦產業現況與發展趨勢分析

（一）產量與產值分析

2021 年臺灣桌上型電腦產量達 44,409 千台，年成長率為 3.8%。2021 年桌上型電腦產業因為 COVID-19 疫情仍持續延燒未停歇，對於以商用市場為主的桌機來說，企業何時恢復「到公司上班」的辦公模式，才是讓桌機出貨狀況回歸常態的關鍵。2021 上半年屬於桌機市場的傳統淡季，由於疫情一直無法有效地獲得控制，而筆記型電腦又因為便於攜帶且移動性高的優勢讓其市場需求居高不下，進而擠壓到桌機市場原本該有的銷售空間，導致桌機出貨表現不佳。下半年開始，部分國家因為疫苗覆蓋率的提升，陸續宣布解封禁令並恢復到疫情前的日常生活模式，當然也包括企業回歸到公司上班的狀態，加上傳統旺季的加持，包含新品效應、電競熱潮，以及上半年缺料產生的訂單遞延等因素，為桌機產業的出貨帶來助益。

供給端方面，在 COVID-19 疫情的持續蔓延下，打亂了原本市場上供給與需求端的節奏，也讓缺料問題浮現，自 2020 年下半年開始，受惠宅經濟需求的發威，消費者對於電腦設備應用的市場需求高漲，由於 PC 上游關鍵零組件的料件與其他非 PC 類應用的原料來源多有相通，加上非 PC 類產品的毛利相對較高，因此具有優先順位，導致供應給桌機的零組件取得順位較後，致使桌機的缺料議題一直持續干擾著市場的出貨進度，品牌端也因此面臨有單卻沒貨出的窘況。國際品牌 HP、Dell、聯想多由臺灣代工業者如富士康（Foxconn）、緯創（Wistron）、和碩（Pegatron）等承接訂單，在缺料期間因其屬於一線廠商，故取得料件的順位較前，臺灣代工業者因而受惠，因此在出貨量上能維持優於 2020 年同期的水準。

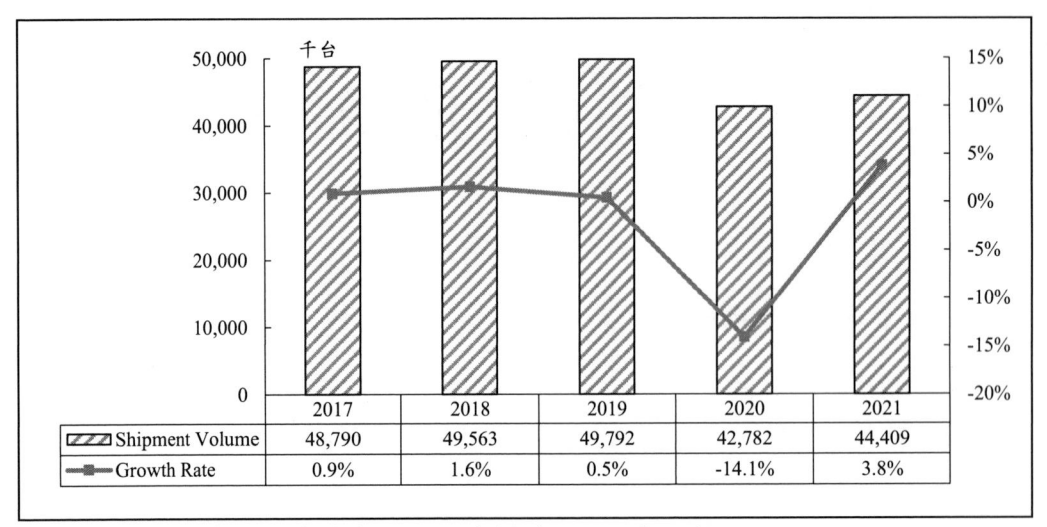

	2017	2018	2019	2020	2021
Shipment Volume	48,790	49,563	49,792	42,782	44,409
Growth Rate	0.9%	1.6%	0.5%	-14.1%	3.8%

資料來源：資策會 MIC 經濟部 ITIS 研究團隊，2022 年 6 月

圖 4-1　2017-2021 年臺灣桌上型電腦產業總產量

產值方面，2021 年臺灣桌上型電腦產值約 12,178 百萬美元，年成長率約 5.4%。剖析產值增加的原因，由於多項 IC 料件一直呈現缺料狀況，供不應求導致價格應聲上漲，加上因為疫情致使物流運送不順、運費持續調升，使得桌機成本提高，連帶推升 2021 年之臺灣桌機代工廠出貨 ASP 不斷成長。

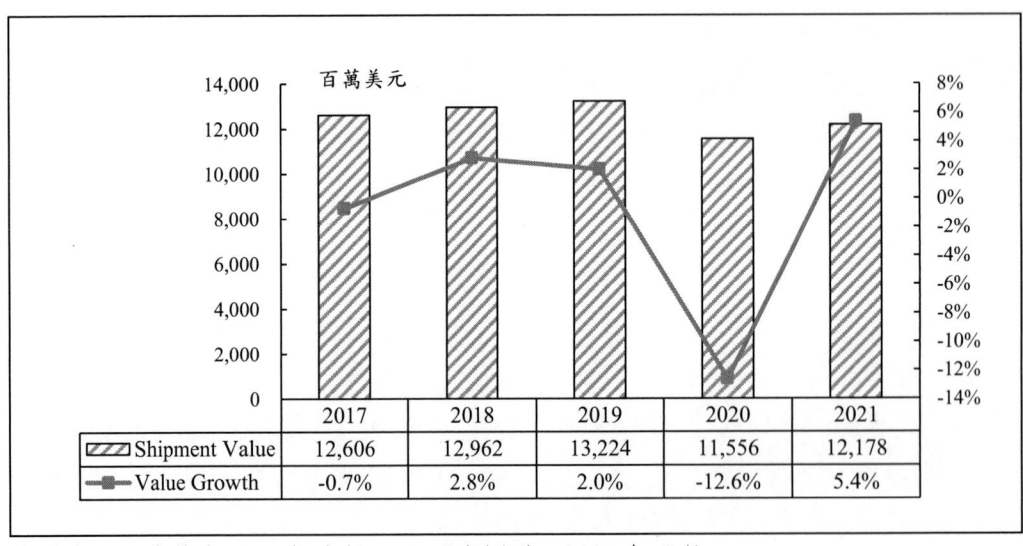

	2017	2018	2019	2020	2021
Shipment Value	12,606	12,962	13,224	11,556	12,178
Value Growth	-0.7%	2.8%	2.0%	-12.6%	5.4%

資料來源：資策會 MIC 經濟部 ITIS 研究團隊，2022 年 6 月

圖 4-2　2017-2021 年臺灣桌上型電腦產業總產值

（二）業務型態分析

臺灣桌上型電腦代工業者主要客戶組成近年大致無明顯變動，包含各大國際 PC 品牌業者如 HP、Dell、Apple 以及聯想，主要由富士康、緯創、廣達（QCI）等臺灣業者進行代工。

2021 年臺灣 OEM/ODM 比例下滑至 97.3%，一部分原因為中國大陸政府於 2019 年 12 月下令政府辦公室及公共機構在 3 年內需全部撤換改用國產的電腦軟硬體計畫，因此中系品牌商聯想正持續提高產品的自行生產及委託中國大陸當地業者代工比重，以符合中方政府欲提高自製率以及培養自家代工業者的策略。另外，臺灣品牌業者代表包含華碩、宏碁與微星等，受到 2021 年缺料事件的波及，因為供貨優先集中於大型 PC 品牌商，導致華碩與宏碁桌機出貨不順，呈現有訂單沒貨出的窘況，而微星則因為致力於高階電競機種，受影響程度相對較小。

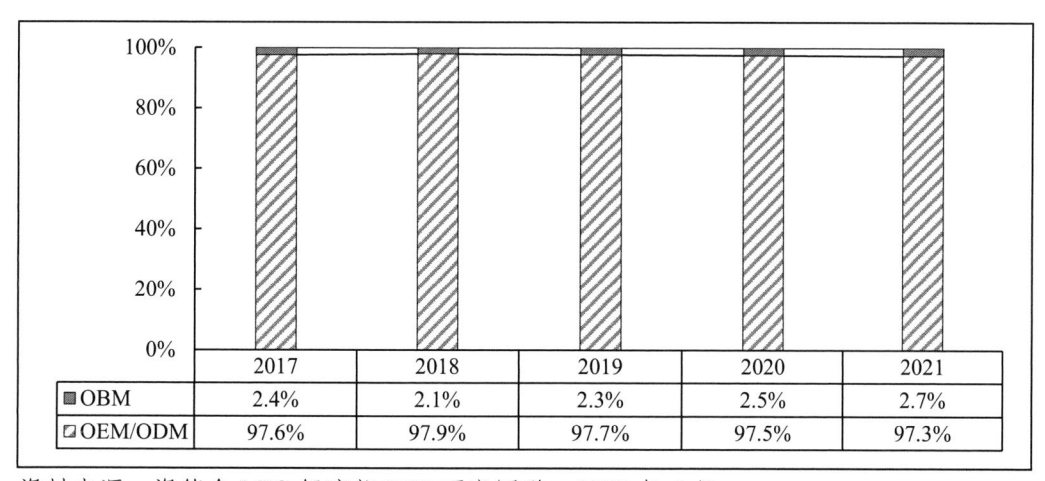

	2017	2018	2019	2020	2021
OBM	2.4%	2.1%	2.3%	2.5%	2.7%
OEM/ODM	97.6%	97.9%	97.7%	97.5%	97.3%

資料來源：資策會 MIC 經濟部 ITIS 研究團隊，2022 年 6 月

圖 4-3　2017-2021 年臺灣桌上型電腦產業業務型態別產量比重

（三）出貨地區分析

2021 年臺灣桌上型電腦出貨區域比例以北美最高，由於下半年開始先進國家的疫苗覆蓋率逐漸提高，包含北美與西歐地區的商用桌機需求回溫，推升桌機出貨占比的成長。中國大陸方面，除了持續

朝著中方政府下令的 3 年內全部公部門 PC 換用國產計畫之外，因為中國大陸民眾的消費力道轉趨保守，因此在出貨占比上較 2020 年明顯衰退。亞太地區市場則以東南亞的電競風氣最為盛行且具發展潛力，不過因為東南亞疫情在第二與第三季時加劇，包含越南與馬來西亞等陸續實施封城禁令，因而降低了該地區對於桌機的使用需求。值得留意的是，因為 2022 年亞運會將電競項目納入正式的比賽項目，此舉更將推升電競市場需求表現，未來的市場發展性值得期待。

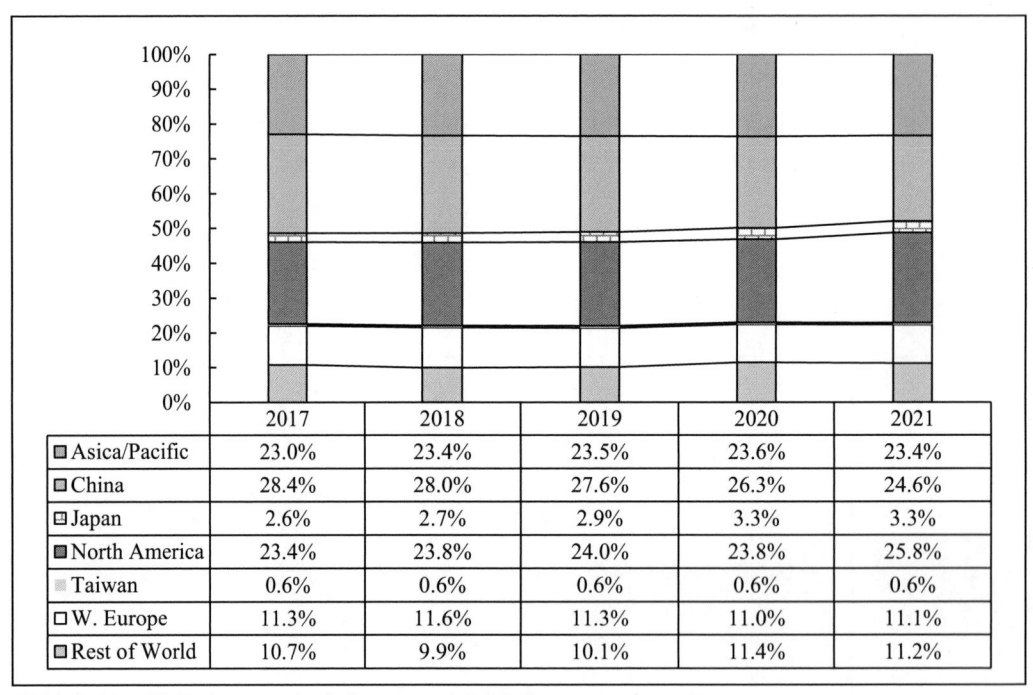

	2017	2018	2019	2020	2021
Asica/Pacific	23.0%	23.4%	23.5%	23.6%	23.4%
China	28.4%	28.0%	27.6%	26.3%	24.6%
Japan	2.6%	2.7%	2.9%	3.3%	3.3%
North America	23.4%	23.8%	24.0%	23.8%	25.8%
Taiwan	0.6%	0.6%	0.6%	0.6%	0.6%
W. Europe	11.3%	11.6%	11.3%	11.0%	11.1%
Rest of World	10.7%	9.9%	10.1%	11.4%	11.2%

資料來源：資策會 MIC 經濟部 ITIS 研究團隊，2022 年 6 月

圖 4-4　2017-2021 年臺灣桌上型電腦產業銷售地區別產量比重

（四）產品結構分析

處理器大廠英特爾（Intel）與超微半導體（AMD）在桌機的競爭由來已久，然而自 2020 下半年開始延燒的缺料事件中 ABF 載板缺口也引發了處理器的供貨不穩問題。不過進入 2021 年第四季後 Intel 與 AMD 處理器的供應已相對好轉，與此同時，Intel 推出全新架構設計的桌上型處理器，在技術與效能上的顯著提升之餘，新品效益的加

持下有望反轉 Intel 在 2022 年處理器市場占比持續下滑的走勢。而在 Others 則包含 M1 處理器的部分，因為 4 月時 Apple 上市 iMac 新品且廣受好評，新款 iMac 因搭載 Apple 自研 M1 晶片，推升 Others 比重在 2021 年來到 2.0%。

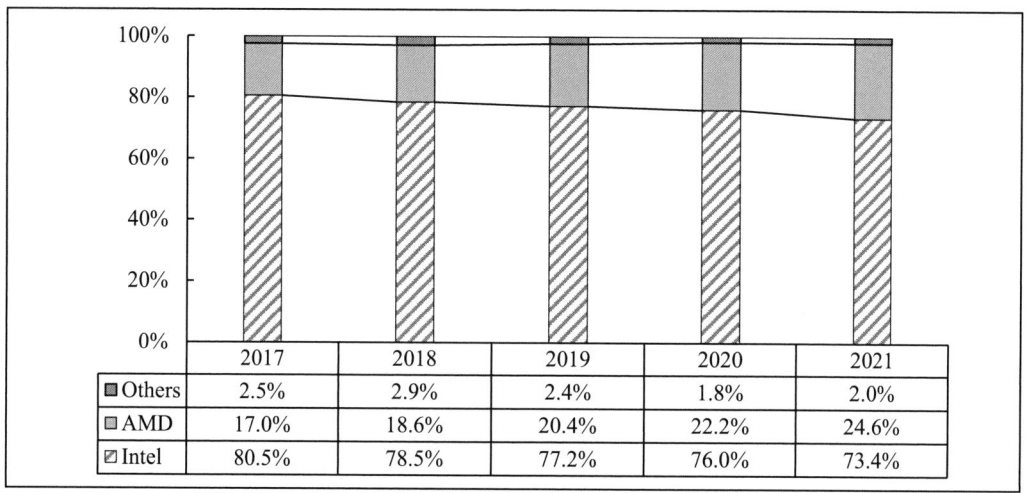

	2017	2018	2019	2020	2021
Others	2.5%	2.9%	2.4%	1.8%	2.0%
AMD	17.0%	18.6%	20.4%	22.2%	24.6%
Intel	80.5%	78.5%	77.2%	76.0%	73.4%

資料來源：資策會 MIC 經濟部 ITIS 研究團隊，2022 年 6 月

圖 4-5　2017-2021 年臺灣桌上型電腦產業中央處理器採用架構分析

（五）發展趨勢分析

全球疫情從 2020 年初開始至 2021 上半年持續延燒未獲改善，導致商用市場需求平淡，加上缺料問題影響桌機的出貨狀況，讓桌機在上半年的訂單出貨不甚理想。下半年開始，雖然病毒未被完全擊敗，但可以看出疫情正在轉往可控的方向前進，因此在各國陸續發布解封下，不僅帶動商用桌機市場需求的回溫，缺料狀況也在進入第四季後漸趨改善，因此推升桌機產業的成長動能。

桌機產業發展極度成熟，參與其中的廠商呈現大者恆大的局面，近年來少有變化，惟陸系品牌聯想陸續將訂單轉為 In-House 情況下，臺灣代工業者在中國大陸市場恐受影響。

臺灣桌機以代工業者為主，持續以提高毛利為目標，精進高技術門檻產品的製作能力，例如：電競桌機、商用桌機、AIO PC、創作

者應用等。在美中關稅壓力與疫情的持續影響下，促使 PC 供應鏈正視產地移轉的問題，然而無論產業如何遷移，對於業者原有的供應體系、成本管控與人力管理等各層面勢必造成衝擊，因此該如何讓毛利本就不高的產品確保其利潤，是 PC 代工業者需要面對的課題。不過臺灣因為土地資源與水電缺乏等問題，因此選擇在臺生產比例仍舊不高，除非是輸往美國的產品，為避免在中國大陸生產需多課徵一層 25%的關稅問題，才會改由臺灣或是選擇去東南亞國家進行組裝的動作，預期短期內在臺生產比例仍是低於 5%。

二、臺灣筆記型電腦產業狀況與發展趨勢分析

（一）產量與產值分析

筆記型電腦已屬於高度成熟型的產業，市場規模相對穩定外，代工比重亦無太大差距。惟在市場需求方面，受惠 COVID-19 疫情帶動的遠距需求延續，讓全球筆電市場持續增長，包含因為教育標案而興起的 Chromebook 需求，以及近期在全球遊戲市場增長下，因效能提升而獲得消費者青睞的電競筆電等，帶動相關利基型筆電市場的需求成長。此外，雖然消費性筆電市場在各國陸續解封的狀況下而有減緩成長的狀況，但企業回歸辦公室帶動商用筆電需求的回溫等影響，讓 2021 年全球筆電市場規模依舊提升，連帶使得臺灣筆電代工產業的產量及產值大幅成長。

從品牌廠商來看，由於筆記型電腦已屬成熟產業，在全球廠商排名的部分，前幾大主要品牌廠並無明顯變化，仍舊以 HP 為首，接著依次是聯想、Dell、Apple、華碩、宏碁等廠商。另外，還包含韓系品牌廠三星（Samsung）、樂喜金星（LG），陸系的小米、華為，日本品牌 NEC、Fujitsu，以及 Google 與 Microsoft 等品牌廠皆持續於筆電市場中耕耘。

在筆電代工產業方面，臺灣筆電代工產業憑藉優異的上下游供應鏈優勢，以及與品牌客戶間多年的合作關係，在全球筆電出貨占據重要地位。原本預期近年將受到中國大陸品牌廠商提高自製比例，面臨臺灣筆電代工產業出貨減少。然而受惠 2021 年上半年 Chromebook

出貨量的大幅增長，以及在零組件缺料事件下，臺灣筆電代工廠憑藉相對優異的料件取得能力，淡化陸系品牌廠商降低委臺生產比重的負面衝擊，讓 2021 年臺灣筆電代工產業出貨量超過 2 億台，出貨量為 200,508 千台，年成長率達 22.7%，占全球筆記型電腦市場出貨的 80.5%。

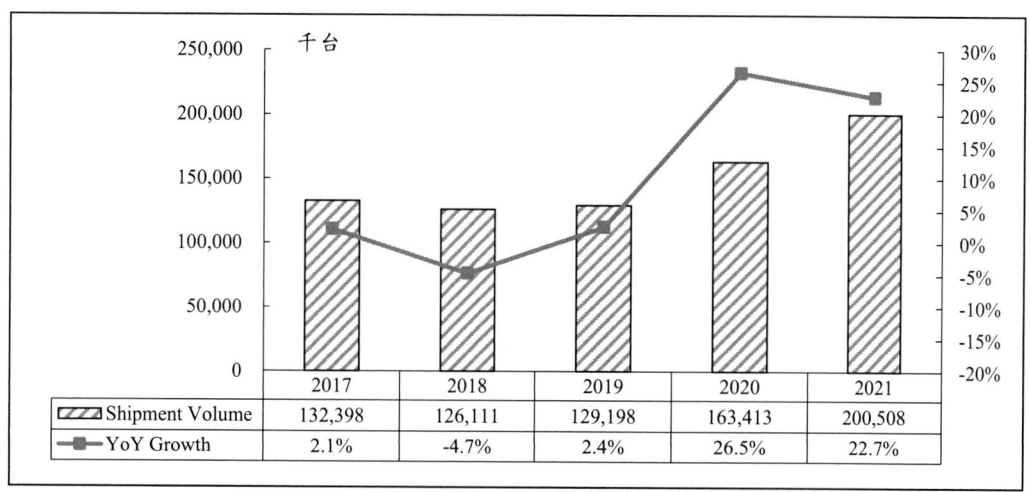

	2017	2018	2019	2020	2021
Shipment Volume	132,398	126,111	129,198	163,413	200,508
YoY Growth	2.1%	-4.7%	2.4%	26.5%	22.7%

資料來源：資策會 MIC 經濟部 ITIS 研究團隊，2022 年 6 月

圖 4-6　2017-2021 年臺灣筆記型電腦產業總產量

　　產值方面，2021 年臺灣筆電代工出貨量大幅成長，產值年成長率亦增長 26.3%，約 93,242 百萬美元。2021 上半年，雖然因為出貨產品組合上，多以低價位的 Chromebook 為出貨大宗，然而受惠 IC 零組件缺料而致使的漲價獲得品牌廠有效的吸收，讓臺灣代工廠平均銷售單價不至於下滑太多。2021 下半年，因應各類 IC 料件的漲價以及因塞港而使貨運物流成本上升的狀況，品牌廠將產線調整，以中高階機種作為優先供給選項，讓終端產品售價出現調幅。除此之外，伴隨電競筆電的出貨增長，以及因應商用辦公室回歸帶動中高階價位的商用機種出貨提升，讓下半年筆電產品的平均售價有明顯的增幅，推升 2021 年臺灣筆電代工產值表現。

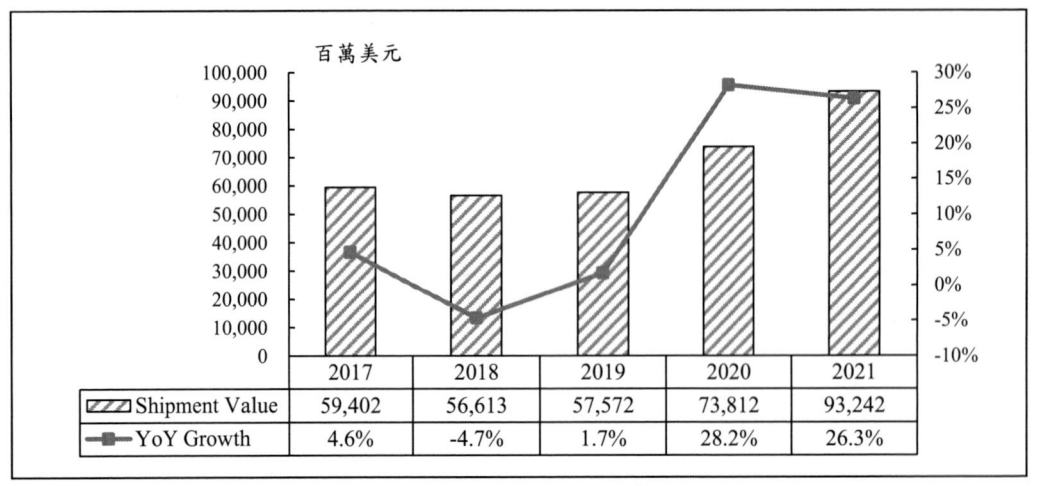

	2017	2018	2019	2020	2021
Shipment Value	59,402	56,613	57,572	73,812	93,242
YoY Growth	4.6%	-4.7%	1.7%	28.2%	26.3%

資料來源：資策會 MIC 經濟部 ITIS 研究團隊，2022 年 6 月

圖 4-7　2017-2021 年臺灣筆記型電腦產業總產值

（二）業務型態分析

從筆記型電腦產業的業務型態來看，臺灣筆記型電腦產業主力為代工產業，除了少數如微星擁有生產工廠，藉由自行研發生產電競及創作者筆電外，宏碁、華碩等臺灣知名筆電品牌業者仍以仰賴其他代工廠進行生產，也因此，臺灣 OBM 的業務型態占比始終不大，近五年來變動性亦不明顯。

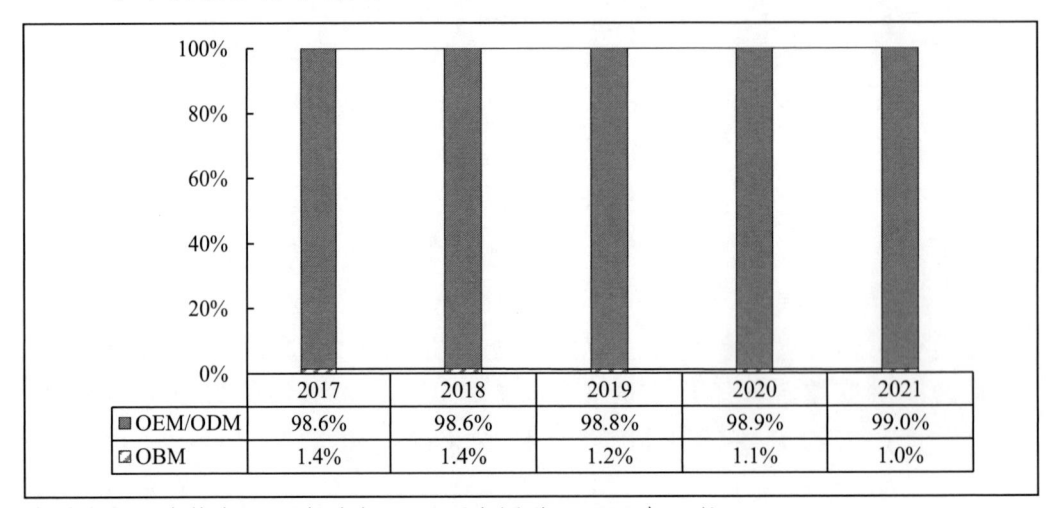

	2017	2018	2019	2020	2021
OEM/ODM	98.6%	98.6%	98.8%	98.9%	99.0%
OBM	1.4%	1.4%	1.2%	1.1%	1.0%

資料來源：資策會 MIC 經濟部 ITIS 研究團隊，2022 年 6 月

圖 4-8　2017-2021 年臺灣筆記型電腦產業業務型態別產量比重

（三）出貨地區分析

在臺灣筆記型電腦區域市場出貨方面，北美及日本市場受到2021下半年教育筆電需求飽和的影響，致使相關筆電的出貨量有所下滑，連帶影響臺灣業者在北美及日本市場的出貨量。西歐及中國大陸市場則無太大幅度的改變，原因是雖然中國大陸及西歐皆為近年聯想主力搶占的區域市場，但同時，臺廠的宏碁、華碩近期也紛紛藉由電競機種，搶占高成長的電競筆電市場，因而使得臺灣業者在這兩地的出貨量並無太大幅度的改變。

至於中南美洲與中東等其他新興區域市場，近年來在電競、教育等利基型市場均有所成長，也成為臺廠積極布局的市場之一。此外，受到疫後企業推動數位轉型的因素影響下，新興市場持續受惠中小型企業的需求增長而推升相關筆電的銷售，同時消費者轉而採購移動性佳的筆電，也讓這些區域市場的筆電出貨量成長幅度相對較大，進而使其在出貨占比上有所提升。

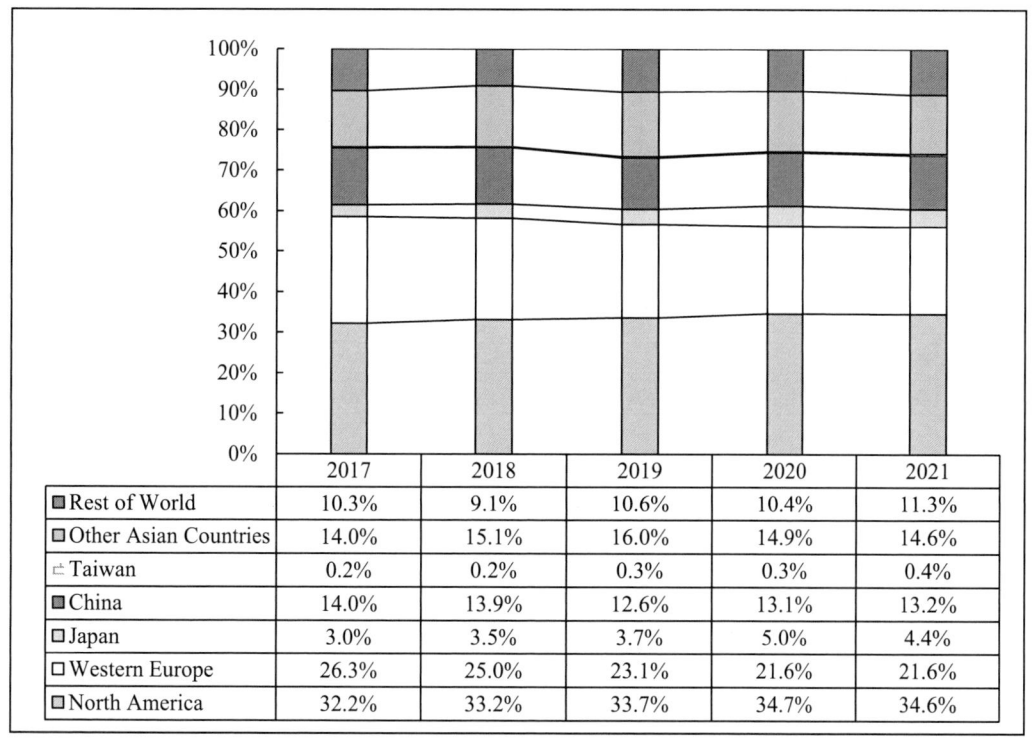

	2017	2018	2019	2020	2021
Rest of World	10.3%	9.1%	10.6%	10.4%	11.3%
Other Asian Countries	14.0%	15.1%	16.0%	14.9%	14.6%
Taiwan	0.2%	0.2%	0.3%	0.3%	0.4%
China	14.0%	13.9%	12.6%	13.1%	13.2%
Japan	3.0%	3.5%	3.7%	5.0%	4.4%
Western Europe	26.3%	25.0%	23.1%	21.6%	21.6%
North America	32.2%	33.2%	33.7%	34.7%	34.6%

資料來源：資策會 MIC 經濟部 ITIS 研究團隊，2022 年 6 月

圖 4-9　2017-2021 年臺灣筆記型電腦產業銷售地區別產量比重

（四）產品結構分析

2021 上半年，在 Chromebook 需求持續受惠教育標案的釋出而提升的情況下，讓筆電採用 11.6 吋及 14 吋面板的比例持續上升。同時，身為 Apple 筆電代工主力的臺灣廠商，受到 MacBook Air 的銷售暢旺以及 MacBook Pro 於第四季推出新品的影響，讓 MacBook 系列採用的 14 吋及 16 吋面板搭載比率亦有所提升。

此外，因應居家上班甚至是解封後的商用需求，商業用戶傾向購買足以因應多工處理型態的大螢幕款式筆電，也使得 14 吋以上的筆電相較於 12 吋及 13 吋的筆電出貨量成長率來的高。至於 15 吋筆電機種多為高階電競筆電，相較於 2020 年而言，出貨量仍有提升，不過在教育筆電所使用的 11 吋及 14 吋面板的明顯成長，以及 MacBook 機種採用之 14 吋及 16 吋面板尺寸的大幅提升下，使得 15 吋筆電機種的比重持續受到稀釋。

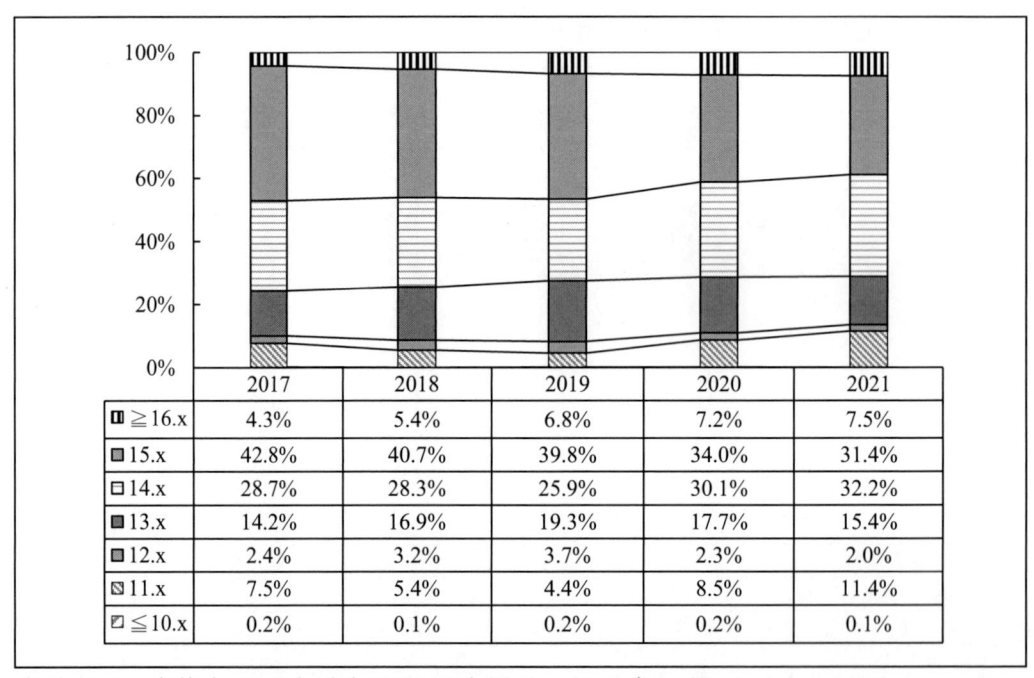

	2017	2018	2019	2020	2021
≧16.x	4.3%	5.4%	6.8%	7.2%	7.5%
15.x	42.8%	40.7%	39.8%	34.0%	31.4%
14.x	28.7%	28.3%	25.9%	30.1%	32.2%
13.x	14.2%	16.9%	19.3%	17.7%	15.4%
12.x	2.4%	3.2%	3.7%	2.3%	2.0%
11.x	7.5%	5.4%	4.4%	8.5%	11.4%
≦10.x	0.2%	0.1%	0.2%	0.2%	0.1%

資料來源：資策會 MIC 經濟部 ITIS 研究團隊，2022 年 6 月

圖 4-10　2017-2021 年臺灣筆記型電腦產業尺寸別產量比重

（五）發展趨勢分析

面對筆電處理器市場競爭越趨激烈，全球處理器龍頭 Intel 近年來也遭逢自身製程不順的內憂，以及主要競爭者加大布局力道的外患。與此同時，自 2020 下半年至 2021 年，筆電產業遭遇零組件短缺致使銷售量下滑的情形，使得 Intel 在筆電處理器的出貨量受阻。另外，處理器所需的載板供應狀況不甚理想，也使得 Intel 處理器出貨不如預期。

2018 年 Intel 面臨製程不順而延遲推出新品時，AMD 趁勢以 Zen 架構搶進先前以 Intel 為首的筆電處理器戰場，隨後在 2020 年，PC 端客戶 Apple 選擇自行開發 PC 用處理器，Arm 架構處理器也受惠 Chromebook 市場成長而有所突破等情況下，使 Intel 在筆電處理器的搭載市占率出現下滑，更使筆電處理器戰局呈現白熱化。

為鞏固筆電處理器市占率，Intel 在 2021 年推出涵蓋商用筆電、電競筆電以及教育筆電的處理器新品。針對商用筆電市場特性，Intel 推出第 11 代 Intel Core vPro 處理器平台，堅守良好效能及穩定性兩大重點，在該處理器新品上強化軟硬體安全性功能。針對電競筆電，則以輕薄與低功耗為主要產品訴求，推出 Tiger Lake-H35 處理器系列，至於教育市場方面，則更新 Pentium Silver 和 Celeron 處理器，並宣布適用於 Chromebook 的 EVO 設計認證，期望讓搭載 Intel 處理器之 Chromebook 有機會打入對品質要求較高的客群。

AMD 則持續強化電競市場布局，藉由處理器架構的持續更新以及與台積電的合作使製程穩定推進，獲得電競玩家的支持。除了在年初的 CES 展會中發表 Ryzen 5000 處理器新品外，在 Computex 展會上也推出全新 GPU，加成遊戲效能及視覺體驗。

至於另一個在 2021 年大幅搶占 Intel 市占率的便是 Apple，Apple 於 2020 年 11 月正式推出搭載自製處理器 M1 的筆電機種 MacBook Air 與 13 吋 MacBook Pro，並於 2021 年 10 月再推出搭載 M1 Pro 及 M1 Max 的 14 吋、16 吋 MacBook Pro，除了是兌現其當時表示要在兩年內將全數筆電換置為自製處理器的承諾外，Apple 全面將筆電機

種改採自製處理器的策略，也使得筆電搭載 Arm 架構處理器的占比於 2021 年大幅提升。

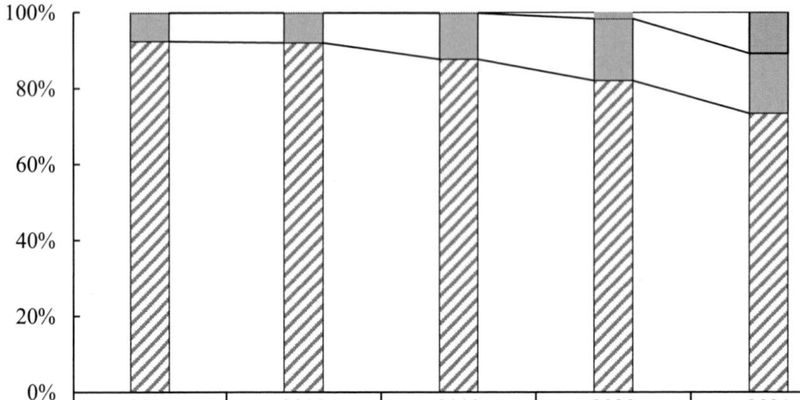

	2017	2018	2019	2020	2021
Others	0.2%	0.2%	0.3%	1.7%	10.9%
AMD	7.5%	7.9%	12.1%	16.3%	15.7%
Intel	92.3%	91.9%	87.6%	82.0%	73.4%

資料來源：資策會 MIC 經濟部 ITIS 研究團隊，2022 年 6 月

圖 4-11　2017-2021 年臺灣筆記型電腦產業產品平台型態

三、臺灣伺服器產業狀況與發展趨勢分析

（一）產量與產值分析

　　2021 年臺灣伺服器代工業務依照組裝的完整程度，可以分為主機板型態（Motherboard）、Level 6 的準系統型態（Barebone）、Level 10 的全系統型態（Full System）。探究其定義，Level 10 全系統型態為：準系統安裝三大件（CPU、Memory、Storage），可直接開機之伺服器產品；Level 6 準系統型態為將主機板與其它小板、機殼、電源供應器、風扇、光碟機等配備組裝，尚未安裝三大件（CPU、Memory、Storage）；主機板型態指印刷電路板（PCB）完成表面貼焊零件（Surface Mount Technology, SMT）後的 PCB Assembley（PCBA），並尚未進行機殼組裝。

檢視臺灣廠商伺服器出貨型態，2021年臺灣伺服器主機板出貨占比達到53.8%，全系統及準系統出貨占比則為46.2%。主機板出貨仍為當前主要的出貨模式，在伺服器品牌商及雲端服務商方面，均有將主機板出貨至其他國家的組裝廠進行最終組裝的情形。然而當前在雲端服務商直接代工增加下，透過整機與整櫃出貨的比例上升，臺灣代工廠也紛紛在貼近客戶市場的區位建造組裝廠，也因此帶動全系統與準系統的出貨占比。

以伺服器主機板出貨而言，相較2020年上升3.5%，達5,591千片；以全系統及準系統出貨而言，較2020年上升7.8%，達4,795千台。儘管主機板與全系統及準系統均呈現上升的趨勢，然而全系統與準系統的上升幅度較高，主要原因仍在於雲端服務商的訂單量增加，也因此帶動整機與整櫃的出貨需求。

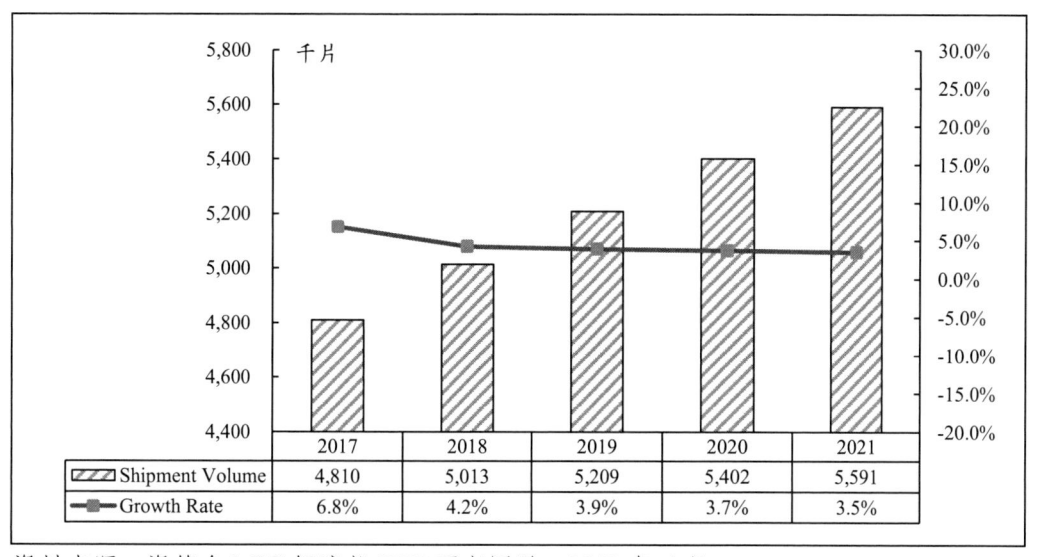

	2017	2018	2019	2020	2021
Shipment Volume	4,810	5,013	5,209	5,402	5,591
Growth Rate	6.8%	4.2%	3.9%	3.7%	3.5%

資料來源：資策會MIC經濟部ITIS研究團隊，2022年6月

圖4-12　2017-2021年臺灣伺服器主機板產業總產量

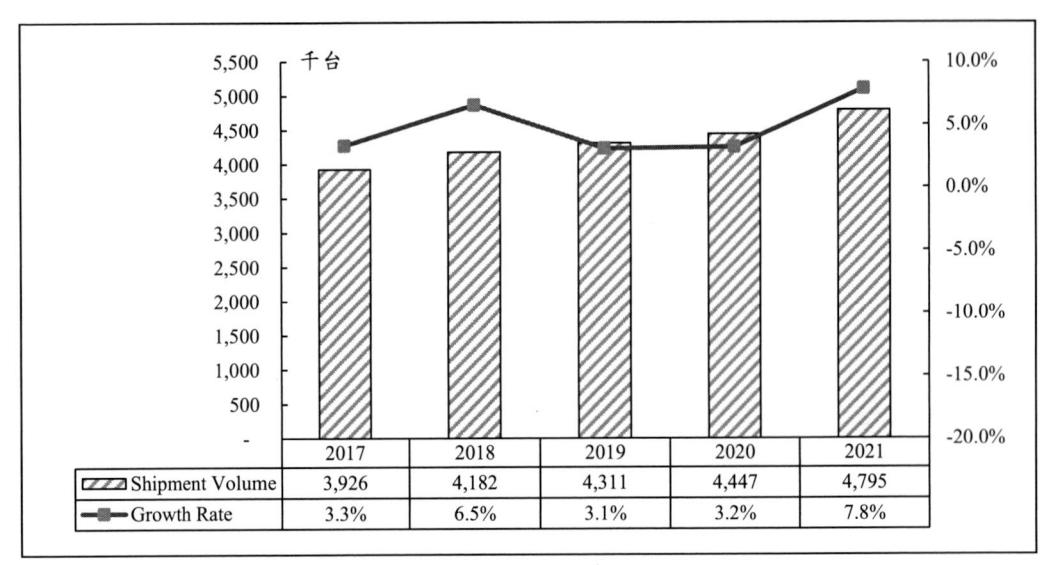

	2017	2018	2019	2020	2021
Shipment Volume	3,926	4,182	4,311	4,447	4,795
Growth Rate	3.3%	6.5%	3.1%	3.2%	7.8%

備註：系統產品包含全系統和準系統產品出貨形式
資料來源：資策會 MIC 經濟部 ITIS 研究團隊，2022 年 6 月

圖 4-13　2017-2021 年臺灣伺服器系統產業總產量

　　檢視臺灣伺服器產值狀態，2021 年在全球伺服器市場的帶動下，對於高階伺服器的需求增加，同時 IC 晶片、關鍵零組件等因缺料、塞港等問題影響，價格不斷攀升，也促成全系統與準系統之平均單價上漲，達到 2,619 美元，產值方面上升 12.6%，達到 12,556 百萬美元。另一方面，主機板產值從 2020 年的 1,813 百萬美元提升至 1,964 百萬美元。合計 2021 年臺灣伺服器產值約 14,520 百萬美元，相比 2020 年成長 12%，主因在於雲端服務商對於高階伺服器需求增加，也帶動可搭載更高效能處理器、AI 加速晶片的伺服器訂單，同時因全球料況吃緊願意用較高價格購買伺服器。

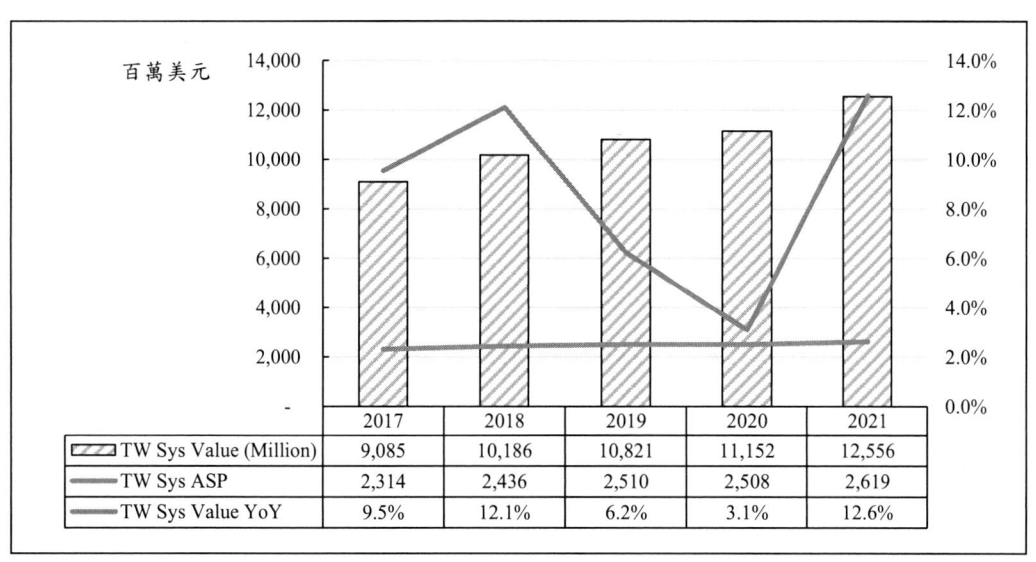

	2017	2018	2019	2020	2021
TW Sys Value (Million)	9,085	10,186	10,821	11,152	12,556
TW Sys ASP	2,314	2,436	2,510	2,508	2,619
TW Sys Value YoY	9.5%	12.1%	6.2%	3.1%	12.6%

備註：系統產品包含全系統和準系統產品出貨形式
資料來源：資策會 MIC 經濟部 ITIS 研究團隊，2022 年 6 月

圖 4-14　2017-2021 年臺灣伺服器系統產值與平均出貨價格

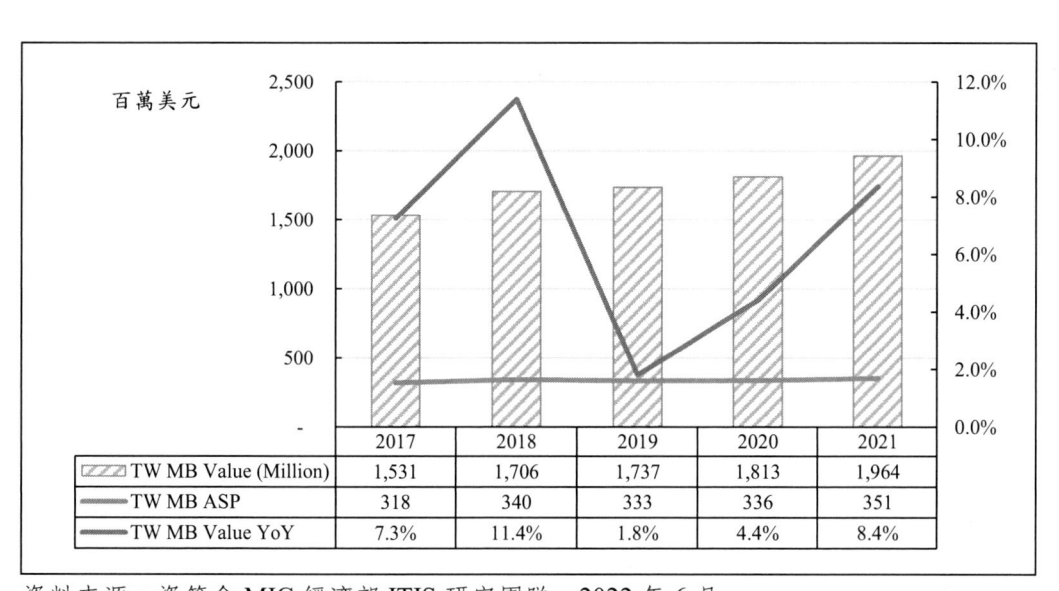

	2017	2018	2019	2020	2021
TW MB Value (Million)	1,531	1,706	1,737	1,813	1,964
TW MB ASP	318	340	333	336	351
TW MB Value YoY	7.3%	11.4%	1.8%	4.4%	8.4%

資料來源：資策會 MIC 經濟部 ITIS 研究團隊，2022 年 6 月

圖 4-15　2017-2021 年臺灣伺服器主機板產值與平均出貨價格

（二）業務型態分析

檢視臺灣伺服器業務型態，臺灣伺服器產業依據客戶族群，可概分為兩大類型，一為協助國際品牌大廠代工的業者，例如 HPE、Dell EMC、美超微（Supermicro）、浪潮、聯想、IBM 等，臺灣代工廠主要有鴻海、英業達、緯創、廣達和神達，另一則與雲端服務商（CSP）、資料中心託管商及電信商合作生產專屬客製化伺服器，透過白牌或自有品牌模式出貨給資料中心相關業者，例如 AWS、Microsoft、Google、Meta 等，臺灣代工廠主要有鴻海、雲達、緯穎和泰安等。

2021年臺灣白牌與自有品牌比率持續上升，由2020年的34.7%，上升至2021年的35%。在COVID-19疫情的影響下各企業對於遠距工作、雲端服務的需求提升，促使雲端服務商持續新建資料中心，各企業端對伺服器的需求也提升。因此我國伺服器業者藉由越過品牌商直接與雲端服務商合作的模式，符合客戶追逐自身成本最低、效能最佳、彈性最高的進程，預期白牌與自有品牌之占比將持續上升。

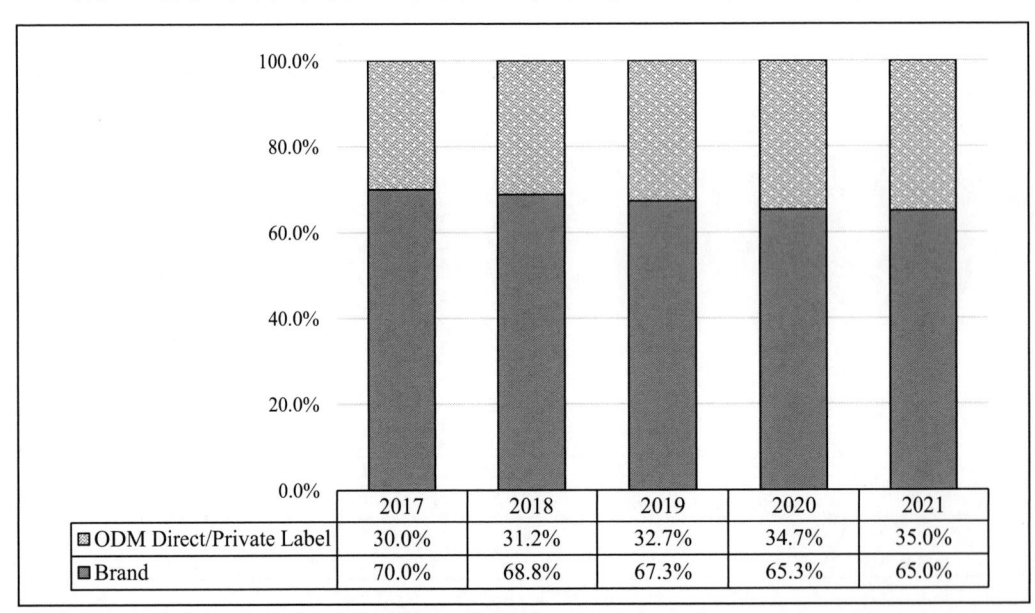

	2017	2018	2019	2020	2021
ODM Direct/Private Label	30.0%	31.2%	32.7%	34.7%	35.0%
Brand	70.0%	68.8%	67.3%	65.3%	65.0%

資料來源：資策會 MIC 經濟部 ITIS 研究團隊，2022 年 6 月

圖 4-16　2017-2021 年臺灣伺服器系統產業業務型態別比重

（三）出貨地區分析

　　檢視臺灣伺服器出貨地區型態，過去由於產品型態特點的關係，伺服器的製造生產流程大多是由中國大陸製造生產主機板或準系統。在中美貿易戰、乾淨網路政策等影響之下，美系客戶開始對資安產生更嚴格的要求，並希望能夠在中國大陸以外的地方生產。我國資通訊硬體代工業者因此透過分拆產線的方式，藉此符合客戶的需求。當中以具備關鍵基礎設施特性的伺服器移動速度最快。而部分伺服器代工廠亦透過將組裝廠設置於鄰近市場的地區，如墨西哥、捷克等國家，藉此來降低運輸及關稅成本。

　　觀察各出貨地區狀況，2021年美國出貨比重從2020年的34.6%降低至34.4%，北美整體出貨仍然持續提升，然而美系雲端服務商在各國政府的要求下前往各國興建資料中心，當中以歐洲及東南亞為積極布局的地區，也因此增加於當地出貨的占比。中國大陸2021年出貨比重從2020年的16.3%下降至15.9%，中國大陸政府仍十分積極投資資料中心的建造，然而伺服器品牌商浪潮、聯想部分訂單開始轉往自行生產（In-house），促使臺灣廠商代工中國大陸伺服器比重出現下滑的現象

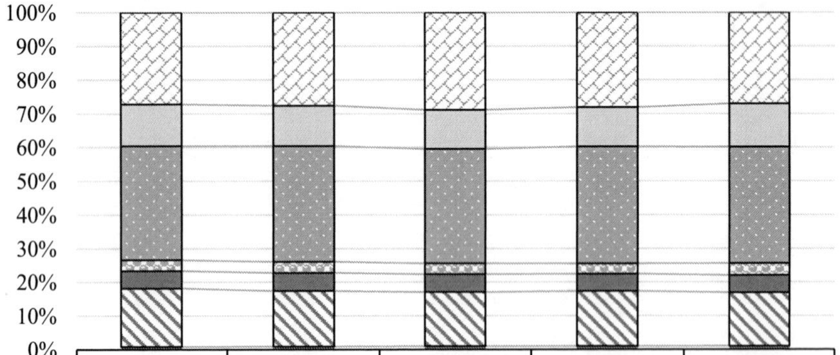

	2017	2018	2019	2020	2021
Rest of World	27.1%	27.6%	28.8%	28.1%	27.0%
Western Europe	12.5%	12.1%	11.7%	11.7%	12.9%
United States	33.8%	34.2%	33.9%	34.6%	34.4%
Rest of Asia Pacific	3.3%	3.4%	3.3%	3.2%	3.6%
Japan	5.1%	5.4%	5.2%	5.1%	5.1%
China	17.3%	16.4%	16.1%	16.3%	15.9%
Taiwan	0.8%	0.9%	1.0%	1.0%	1.0%

備註：系統產品包含全系統和準系統產品出貨形式
資料來源：資策會MIC經濟部ITIS研究團隊，2022年6月

圖4-17　2017-2021年臺灣伺服器系統產業銷售區域比重

（四）產品結構分析

　　檢視臺灣伺服器產品結構型態，2021年仍以2U與1U機架式（Rack）為主流，臺灣伺服器代工業者從入門的塔式伺服器及工作站、至中階的刀鋒伺服器及高階的伺服器均有所布局，在搭載新處理器的伺服器量產下，各產品線數量均有所上升。然在出貨比例方面，因IC缺料問題仍然存在，會優先提供高階產品出貨。觀察2020年至2021年臺灣伺服器系統產業外觀形式出貨占比，塔式伺服器占比持續下滑，比重從6.1%降低至5.2%；2U市場占有率從34.9%上升至36.2%；1U市場占有率從31.1%上升至32.5%。機架式1U與2U伺服器大多符合OCP聯盟的規格標準，能夠彈性地配置於機櫃之中，藉此來最佳化資料中心或是機房的空間。因此不論是資料中心業者或是企業級用戶，選擇機架式伺服器的比例持續上升。

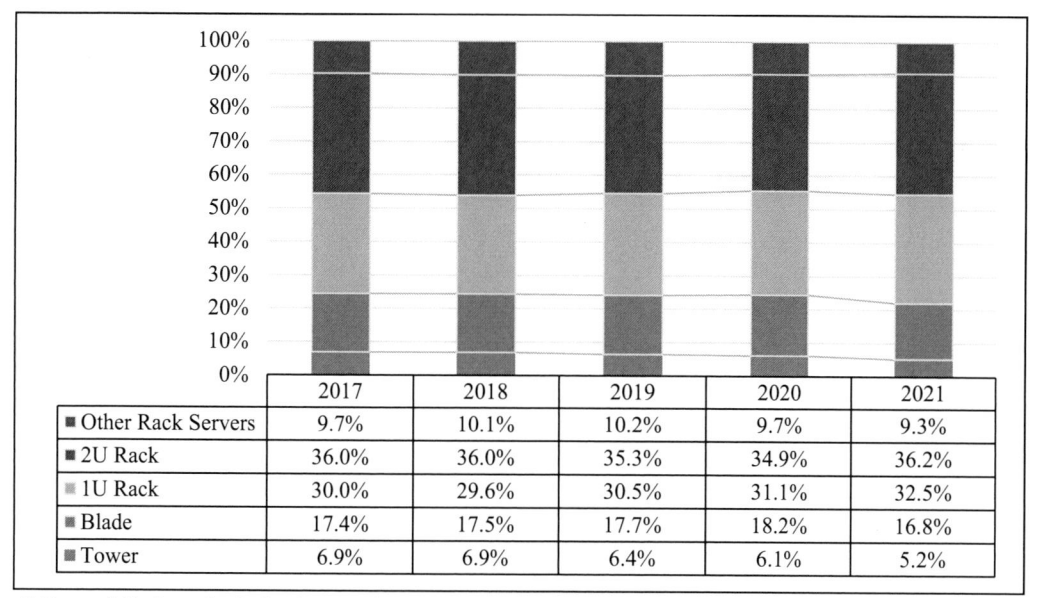

	2017	2018	2019	2020	2021
Other Rack Servers	9.7%	10.1%	10.2%	9.7%	9.3%
2U Rack	36.0%	36.0%	35.3%	34.9%	36.2%
1U Rack	30.0%	29.6%	30.5%	31.1%	32.5%
Blade	17.4%	17.5%	17.7%	18.2%	16.8%
Tower	6.9%	6.9%	6.4%	6.1%	5.2%

備註：系統產品包含全系統和準系統產品出貨形式
資料來源：資策會 MIC 經濟部 ITIS 研究團隊，2022 年 6 月

圖 4-18　2017-2021 年臺灣伺服器系統產業外觀形式出貨分析

（五）發展趨勢分析

2021 年臺灣伺服器產業重點發展趨勢，在全球 COVID-19 疫情的影響下，一方面促成遠距上班、雲端服務等需求提升，使雲端服務商興建資料中心；另一方面，造成全球供應鏈的變化，關鍵晶片出現嚴重的短缺、塞港問題影響交貨日期，最終形成出貨無法媒合訂單需求的現象。

疫情同時影響全球的出貨，造成全球缺料情形嚴重，就晶片而言，PMIC 因為在多種資訊硬體產品皆須使用，在晶圓代工產能無法符合需求的狀況下，促成全球性的搶料；伺服器遠端管理晶片（BMC）為伺服器主板上必備的晶片，伺服器訂單大量上升也使得 BMC 晶片的量不足以滿足需求。因此出貨無法媒合訂單的需求仍是 2021 年伺服器產業所面臨的問題，2022 年是否可以舒緩是未來觀察的重點。

四、臺灣主機板產業現況與發展趨勢分析

（一）產量與產值分析

2021 年臺灣主機板產量達 78,118 千片，年成長率約 1.4%。過去消費者因主機板可使用年限長，頂多選擇更換新的處理器提升效能，致使主機板需求不高，然 COVID-19 疫情的發生反倒成為主機板產業銷售的重要推手。受疫情影響導致各國企業因應防疫政策實施居家辦公，宅在家中時間拉長，間接帶動使用者升級家中電腦設備的需求，此外，遊戲廠商因應消費者在家時間拉長，陸續推出多款遊戲作品上線，搶攻遊戲客群市場。

供給端方面，零組件缺料問題持續未解，觀察晶片缺貨事件自 2020 年下半年開始爆發，歸納原因與新品輩出和市場需求高漲有關，其次則是因上游零組件原料相通，業者優先供貨給毛利較高的產品，致使主機板零組件缺貨問題一直無法獲得解決，直至 2021 年第四季才稍獲改善，缺料也因為長短腳問題，使得部分訂單被迫向後遞延出貨，影響主機板業者的出貨進度。

臺灣一線主機板大廠包含富士康、緯創等 PC 代工業者，訂單來源為 HP、Dell、聯想等國際品牌大廠，主機板出貨量隨桌上型電腦需求波動；主機板自有品牌大廠則包含華碩、技嘉（GIGABYTE）、華擎（ASRock）及微星等，主要關注重點在電競及 PC DIY 使用者，近年持續提高高階主機板的比重以提高毛利。2021 年深受缺料問題所苦，雖然毛利相對較低的中低階主機板供貨持續不穩，但高階機種的出貨狀況至下半年漸趨改善，為傳統旺季的出貨帶來正面效益。

產值方面，2021 年臺灣主機板產值約 4,377 百萬美元，年成長率約 6.1%。觀察增長原因為疫情導致物流運送不順，致使運費成本持續提高，加上虛擬貨幣挖礦與電競熱潮刺激高階機種需求攀升，帶動臺灣主機板 ASP 高於 2020 年。

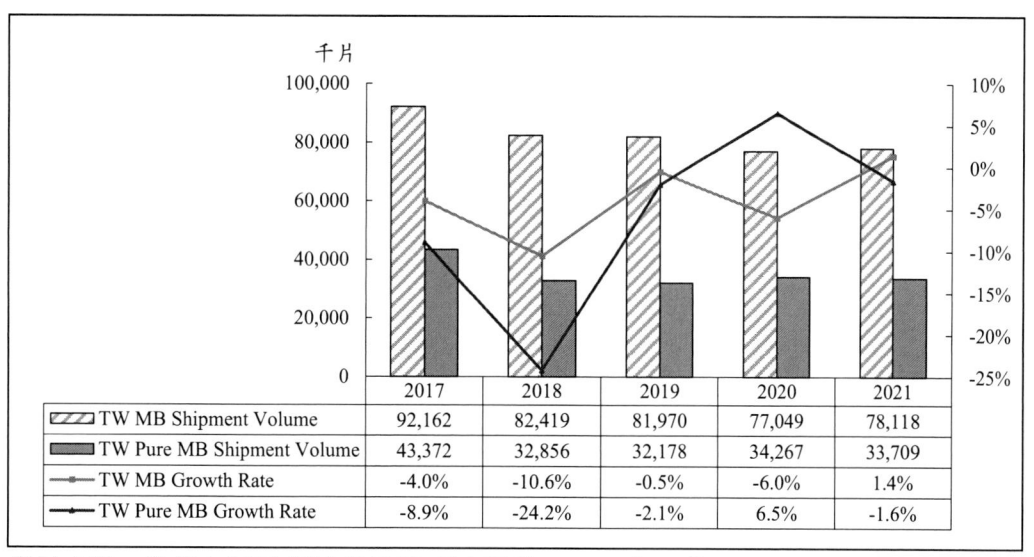

	2017	2018	2019	2020	2021
TW MB Shipment Volume	92,162	82,419	81,970	77,049	78,118
TW Pure MB Shipment Volume	43,372	32,856	32,178	34,267	33,709
TW MB Growth Rate	-4.0%	-10.6%	-0.5%	-6.0%	1.4%
TW Pure MB Growth Rate	-8.9%	-24.2%	-2.1%	6.5%	-1.6%

資料來源：資策會 MIC 經濟部 ITIS 研究團隊，2022 年 6 月

圖 4-19　2017-2021 年臺灣主機板產業總產量

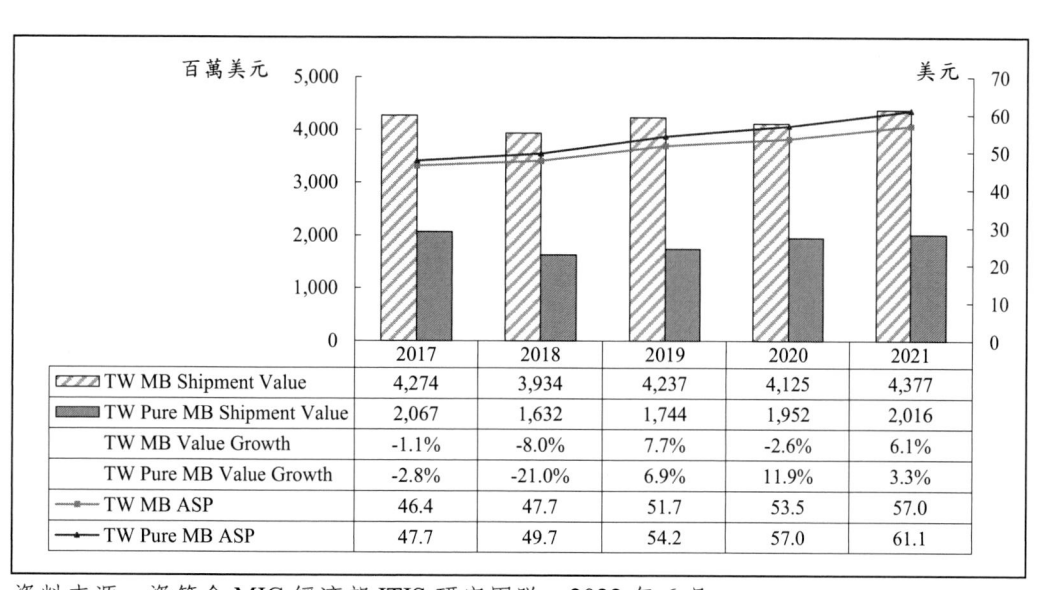

	2017	2018	2019	2020	2021
TW MB Shipment Value	4,274	3,934	4,237	4,125	4,377
TW Pure MB Shipment Value	2,067	1,632	1,744	1,952	2,016
TW MB Value Growth	-1.1%	-8.0%	7.7%	-2.6%	6.1%
TW Pure MB Value Growth	-2.8%	-21.0%	6.9%	11.9%	3.3%
TW MB ASP	46.4	47.7	51.7	53.5	57.0
TW Pure MB ASP	47.7	49.7	54.2	57.0	61.1

資料來源：資策會 MIC 經濟部 ITIS 研究團隊，2022 年 6 月

圖 4-20　2017-2021 年臺灣主機板產業產值與平均出貨價格

（二）業務型態分析

　　針對本身具備產能之臺灣主機板業者進行統計，OEM/ODM 為最主要的業務型態，2021 年比重達 71.6%，較 2020 年下滑。2021 年同樣受惠於宅經濟需求旺盛，多款電競新品的推出以及 PC 遊戲新作品的亮相，推升市場需求的成長，OBM 比重來到 28.4%。臺灣部分業者均有經營自有品牌，如技嘉、華擎、微星等，品牌及研發能力皆有不錯基礎，加上近年來消費者對於效能、穩定度等要求高，帶動高階主機板市場的需求表現。

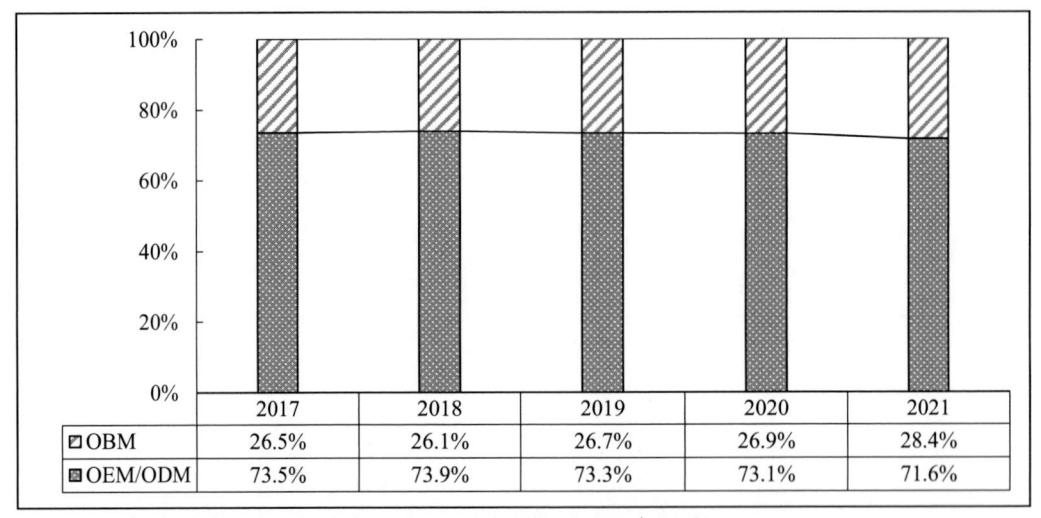

	2017	2018	2019	2020	2021
OBM	26.5%	26.1%	26.7%	26.9%	28.4%
OEM/ODM	73.5%	73.9%	73.3%	73.1%	71.6%

資料來源：資策會 MIC 經濟部 ITIS 研究團隊，2022 年 6 月

圖 4-21　2017-2021 年臺灣主機板產業業務型態

（三）出貨地區分析

　　中國大陸為臺灣主機板業者最主要出貨地區，2021 年占比為 31.0%，相較 2020 年表現微幅衰退。由於疫情衝擊多時，導致中國大陸民眾的消費力道轉趨保守，對於非民生必需品的電腦設備購物力下滑。亞太地區為第二大的出貨占比，出貨來到 21.8%，主因為東南亞是近年電競市場發展最快的地區，消費者為節省花費可能選擇 DIY 桌機，帶動主機板市場的需求成長。北美地區為臺灣主機板產業第三大出貨地點，2021 上半年疫情未解之下，民眾宅在家時間高，

刺激用戶添購新的主機板意願，不過因為在 2021 年 1 月份開始，由中國大陸進口的主機板需酌收 25%關稅，恐使未來在疫情完全消失、宅經濟需求退燒後，北美地區出貨量下滑。

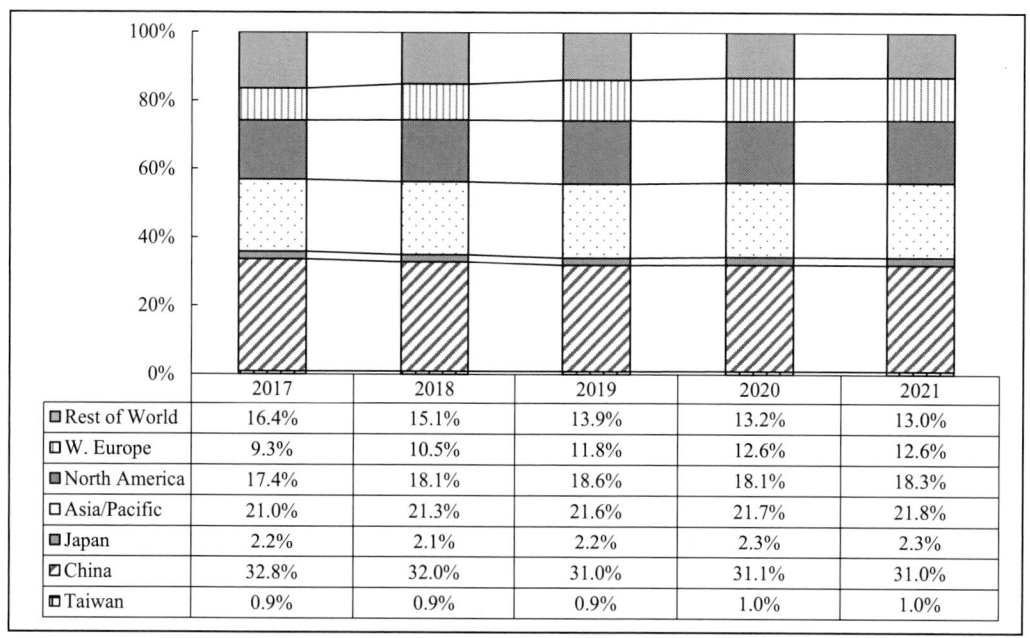

	2017	2018	2019	2020	2021
Rest of World	16.4%	15.1%	13.9%	13.2%	13.0%
W. Europe	9.3%	10.5%	11.8%	12.6%	12.6%
North America	17.4%	18.1%	18.6%	18.1%	18.3%
Asia/Pacific	21.0%	21.3%	21.6%	21.7%	21.8%
Japan	2.2%	2.1%	2.2%	2.3%	2.3%
China	32.8%	32.0%	31.0%	31.1%	31.0%
Taiwan	0.9%	0.9%	0.9%	1.0%	1.0%

資料來源：資策會 MIC 經濟部 ITIS 研究團隊，2022 年 6 月

圖 4-22　2017-2021 年臺灣主機板產業出貨地區別產量比重

（四）產品結構分析

處理器從 2020 下半年開始出現了 ABF 載板短缺的狀況，直至 2021 下半年才漸獲改善，主要原因與市場需求因為宅經濟商機而高漲，導致產能來不及供應有關，因此可以看到 AMD 用戶數量增加的速度趨緩。反觀 Intel 方面，雖然 2021 年同樣為 ABF 載板短缺所苦，不過在 2021 年底推出的核心架構全新升級之 Alder lake 桌上型處理器與 600 系列晶片組主機板，新品在技術與效能上的顯著提升之餘，腳位設計的更新將推升消費者購買新一代主機板意願，預期 Intel 可望藉此在桌機處理器市場占比上帶來一波反轉的走勢。

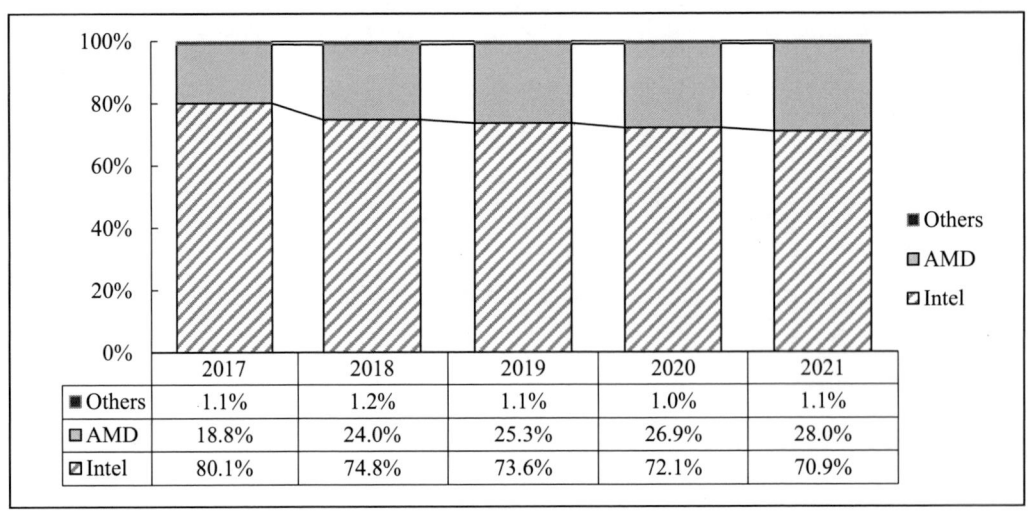

年份	2017	2018	2019	2020	2021
Others	1.1%	1.2%	1.1%	1.0%	1.1%
AMD	18.8%	24.0%	25.3%	26.9%	28.0%
Intel	80.1%	74.8%	73.6%	72.1%	70.9%

資料來源：資策會 MIC 經濟部 ITIS 研究團隊，2022 年 6 月

圖 4-23　2017-2021 年臺灣主機板產業分析（處理器採用架構）

（五）發展趨勢分析

COVID-19 疫情帶動在家工作、學習、娛樂的宅經濟需求，然而因為 2020 年下半年開始的關鍵零組件供貨不足，直至 2021 年仍未獲解決，影響主機板業者的出貨進度，致使出貨表現不如預期。首先探討半系統及全系統的主機板部分，由於桌機是以商用市場為重，然而在上半年疫情導致多數企業辦公室仍是保持關閉狀態，致使商用需求依舊低迷，所幸下半年疫情漸獲改善，商用訂單陸續回升，帶動半系統及全系統主機板出貨表現。純主機板部分，宅經濟、宅娛樂需求讓 PC DIY 市場表現熱絡，推動使用者添購新的電腦設備做使用，然虛擬貨幣價格的飆漲，導致礦工大舉搶食顯示卡，致使顯示卡呈現一卡難求的情況，連帶影響消費者對純主機板的購買力。

至於電競部分，雖然在疫情期間遊戲商紛紛推出多款遊戲作品，然因虛擬貨幣的挖礦熱潮，導致顯示卡缺貨問題嚴重，間接降低了消費者購買新主機板意願。

第五章　焦點議題探討

　　本章焦點議題主要探討資訊硬體產業於 2021 年發展之重要議題，先探討在總體環境面，我國資訊硬體產業面臨包含中國大陸採取能耗雙控措施，以及產業供應鏈移動等挑戰，需要透過迅速應變措施，以合理分配產能。另外在產品技術方面，探討系統產品及服務供應商自研晶片，及雲端資料中心提升擴增速度等議題，了解當前資訊硬體產業中國際大廠的最新動向，協助政府與業者掌握未來可能影響資訊硬體產業發展關鍵因素。

　　若是細究其內涵，就總體政經環境而言，中國大陸近年對於能源耗損極其關注，在 2021 年祭出「能耗雙控」限電措施，影響當地資訊硬體產品生產及出貨，進而導致我國資訊硬體廠商重新調配產能；而在供應鏈方面，受到美中貿易戰、COVID-19 疫情等突發事件的影響，我國資訊硬體廠商開始思索新的移動地點，並積極透過區位選擇來規避可能發生的風險。而就產品及關鍵零組件技術而言，在雲端服務複雜化、產品客製化及 AI 運算需求加速等影響，各國際大廠開始培養技術團隊以發展自研晶片；另一方面，AWS、Microsoft 及 Google 等雲端服務商積極布局資料中心，都對伺服器產業及關鍵零組件形成影響。

一、中國大陸「能耗雙控」政策對臺灣資訊硬體產業之影響

　　中國大陸各地在 2021 年中秋節前夕無預警實施限電措施，導致企業與工廠停工，造成部分產業在產能供應吃緊下而更加雪上加霜。2021 年所公布的「能耗雙控」政策被視為限電的元兇之一，但實則是中國大陸面臨供電吃緊、出口需求大增，以及降低能源消耗的多重要求影響下，促使中國大陸地方政府採用「一刀切」措施因應。

(一) 中國大陸「能耗雙控」政策內容與限電措施解析

中國大陸發改委於2021年8月17日發布「2021年上半年各地區能耗雙控目標完成情況晴雨表」中，9個城市未達「能耗強度降低進度目標」，呈現紅燈示警狀態，其中包括青海、寧夏、廣西、廣東、福建、新疆、雲南、陝西、江蘇9個省（區）上半年「能耗強度不降反升」，為一級預警；另外青海、寧夏、廣西、廣東、福建、雲南、江蘇在「能源消費總量控制目標」也達紅燈一級預警狀態。

表 5-1　2021年上半年各地區「能耗雙控」目標完成情況晴雨表

地區	能耗強度降低進度目標預警等級	能源消費總量控制目標預警等級
青海	★	★
寧夏	★	★
廣西	★	★
廣東	★	★
福建	★	★
新疆	★	☆
雲南	★	★
陝西	★	☆
江蘇	★	★

註1：★為一級預警，表示形勢十分嚴峻；☆為二級預警，表示形勢比較嚴峻
註2：「能耗雙控」指標是指「能源強度降低」與「能源消費總量」，其中能耗強度=能源消費總量/GDP=單位GDP能源消耗
資料來源：中國大陸發改委，資策會MIC經濟部ITIS研究團隊整理，2022年6月

1.「一刀切」限電是中國大陸地方政府短期作為

而為確保完成「十四五」規劃的節能約束性指標「單位GDP能源消耗降低13.5%」，以及推動實現碳達峰碳中和目標。發改委於2021年9月17日公布「完善能源消費強度和總量雙控制度方案」。其中點出對中國大陸的重大項目給予總量管理統籌機制，但對「高耗能高排放」產業要加強管理與監控，特別是煤電、鋼鐵、有色金屬、水泥、石化、化工等產業。

不過，由於中國大陸發改委要求能源消耗不降反升的 9 個省，要針對轄區內高耗能項目採取有力措施，確保完成全年「能耗雙控」目標。就目前各地提出的限電措施來看，各地確實在「兩高」產業管控有較為嚴格，如廣東省在 9 月 22 日至 9 月 26 日的限電措施為一般企業停電 4 天，高耗能企業全面限電 7 天；浙江省則是至 10 月 1 日高耗能企業全面關停；江蘇省則是自 9 月 15 日起，江蘇各地每月壓減 100 億度電，但將全省範圍內年綜合能源消耗 5 萬噸標準煤以上企業展開監控，其中包括石化、化工、煤化工、焦化、鋼鐵、建材、印染等產業。

只是近期中國大陸各地為短期能看到效果，除對「兩高」產業管控外，也採取「一刀切」的方式，進行較無差別性的限電，不限產業別、不限民生或工業用電。然而中國大陸官媒也有提到，「能耗雙控」目標要求已持續多年，不存在臨時加碼一說；同時文章也批評各地為達成「能耗雙控」目標與優化能源消耗指標，而不惜關停生產甚至影響居民生活用電的「一刀切」做法。

2. 能源消耗管控是中國大陸無法妥協的硬指標

依據中國大陸「十三五」規劃，2016 年至 2020 年間需達到「單位 GDP 能源消耗降低 15%」，而根據中國大陸統計局資料，過去 5 年分別降低了 5%、3.7%、3.1%、2.6%以及 2020 年 0.1%合計達 14.5%。然而在「十四五」的起始年 2021 年政府工作報告中看到「單位 GDP 能源消耗降低」的目標是降低 3%，但從前述的晴雨表中有 9 個省市單位 GDP 能源消耗不降反增，顯示中國大陸對能源消耗管控不佳。

檢視此次限電的可能原因包括 2021 年電力供應存在缺口，中國大陸供電有 70%來自火力發電，但受到疫情與煤炭成本上升的影響。2021 年前 8 個月中國大陸煤產量成長僅 4.4%，而進口量則是下滑 19.5%，因此造成火力供給吃緊，而水力供電在前 8 個月發電量卻又出現-1%的成長；另外是疫情帶來中國大陸超乎預期好的製造業景氣，因此 2021 年前 7 月中國大陸工業用電量 3.2 萬億千瓦，成長近 16.8%，同時帶動中國大陸全社會用電量成長 11.3%，高於 2020 年同期的-1.5%。

綜整來看，中國大陸公布2021年上半年的「能耗雙控」晴雨表、「能耗雙控」政策，以及地方無差別限電的作為，再加上能源消耗是約束性指標來看，意謂著中國大陸對能源消耗並不會有太多的鬆綁空間；近期又碰上疫情導致全球產業環境大幅波動，間接造成中國大陸用電吃緊，以及可能於年底無法在能源消耗管控上達標，因而促使各地方短期內必須在限電措施上採用比過去更嚴格的措施。長期而言，「雙高」產業仍是中國大陸在推動減排、減碳、綠能發展上最主要的整治對象，但從「能耗雙控」政策來看，中國大陸地方政府必須增加「再生能源的消費」、「超額完成能耗強度降低目標」，這也將成為企業必須面臨的議題。對於臺商來說，相對較多的臺商聚集的廣東、江蘇都在此次的晴雨表中，而限電作為已擴及近20個省市，未來「能耗雙控」議題臺商必須持續因應。

3. 中國大陸整改政策不斷，影響經營環境穩定性

中國大陸公布一連串整改政策使得中國大陸投資環境發生劇烈變化。首先是中國大陸開始對網路科技巨頭進行監管，螞蟻金服「暫緩上市」及阿里巴巴「反壟斷調查」事件，而滴滴出行的「App下架」範圍擴及到所有包含個人資料蒐集、數據儲存等等的監管。緊接著對於補教業及網路遊戲業的限制，也更進一步的限縮這些網路科技公司的發展空間，因此也導致這幾間企業在遭受監管事件之後股價也應聲下跌，外資退出的現象。另一項恒大債務問題在近期逐漸浮出檯面，主要受到中國大陸政府於2020年9月設定房地產融資限制「三條紅線」政策，讓恒大無法以債養債，演變為債務違約危機，而恒大事件也讓中國大陸房地產債務問題再次浮現出來。

從上述監管事件來看，無論是透過制訂法律，還是訂定政策的方式施行都為企業帶來不小影響，甚至一則新聞評析都直接影響了騰訊的營運。而此次限電事件影響層面更大更廣，也帶來中國大陸在製造業發展與基礎環境整備的疑慮，特別是政策從中央下到地方後，地方政府為達目的的做法。不過，未來更須特別注意的是2021年8月11日中國大陸國務院公布「法治政府建設實施綱要(2021-2025年)」，就綱要的內容來看，中國大陸將針對多個領域立法與監管，其中包括

了「生態文明領域」立法，也要從「生態環境」方向加強監管，意謂著中國大陸未來在經營環境將受到更多的監管與治理。

（二）限電政策下對臺灣資訊硬體廠商之影響

因應美中貿易情勢發展，臺灣資訊硬體產業近兩年已陸續轉移位於中國大陸之產能，其中產值占比最大的筆電產業也開始進行移轉，雖然美國對中國大陸生產之關稅尚未開始課徵，以致筆電產業從中國大陸的移出速度，相較其他產業較慢，在臺生產比重僅約3%，然在其他地區產能比重卻逐漸提高，如仁寶、緯創、和碩、鴻海等廠商陸續選擇於越南擴增產能。

觀察臺商在中國大陸生產據點的分布狀況，除華中地區的蘇州與昆山之外，仍超過一半產能位於重慶與成都，故此波因限電政策所引發的停產影響，臺商將會以重慶或成都作為產能調度的因應選擇。

進一步分析臺灣資訊硬體產業主要廠商面對此波限電之影響，以昆山市為例，大多數廠商都全力配合當地政府節電政策，主要因應方式有二：其一是直接配合並停產4.5日，至於停產之訂單則協調公司其他廠區支援製造或日後以彈性生產的方式解決；其二則是積極與當地政府進行溝通，在配合節電政策下可以有較為彈性之執行方式，如允許可啟用發電系統或調整非生產製程之用電。

臺灣資訊硬體產業在昆山市早已形成產業群聚，由臺商所創造的產業產值與就業機會，對當地政府促進經濟成長而言，非常重要。此波限電措施突然下達之後，大型系統組裝廠商期望能透過與當地政府的理性溝通，在經濟成長與「能耗雙控」之間，取得一平衡點，以減少非工業製程用電等方式，降低產業受影響的程度。

此外，昆山地區早期即為中國大陸資訊電子產業生產重鎮，也歷經多次中國大陸官方要求產業升級轉型，所以臺灣產業對於導入綠色製造、環境永續等環保層面的製造流程改善，甚至對「淨零排放」、「碳中和」與「採用綠電」等政策要求與措施，也早已開始規劃並逐漸落實。相對，也減緩此波限電措施對臺商所造成的衝擊。

以中長期的角度觀之，中國大陸官方將會延續「能耗雙控」的政策管制，當地政府對於「限電措施」的執行細節，將會不同於 9 月份採取「一刀切」的無差別作法。未來預期作法包括：從產業類別設定不同管制目標，如煤電、鋼鐵、有色金屬、水泥、石化、化工等「雙高」產業，提高管格條件；其他產業則採取分區限電、離峰／尖峰用電管制等，在兼顧經濟成長目標下，達成「能耗雙控」的目標。

此外，除現有用電管制，中國大陸地方政府也將會增加對「再生能源的消費」的目標管控，對臺灣產業而言，未來除了要關心用電管制下的產能調配，另一方面也提高對「再生能源」的採用速度與整體用電規劃。

表 5-2　臺灣資訊硬體產業主要廠商影響分析

廠商	主要產品	中國大陸生產據點	因應措施
仁寶	筆電為主	昆山、重慶、成都、南京	持續與當地政府溝通，並配合當地政府節電措施
緯創	筆電為主	昆山、重慶、成都、泰州、中山	啟用發電系統並進行產能排程調配
和碩	筆電、網通產品等	昆山、蘇州、上海、重慶	啟動備用發電系統與節能機制
鴻海	筆電、網通產品等	昆山、晉城、煙臺、天津、鹽城、鄭州、重慶、武漢、安順、深圳	配合規定，停產 4.5 日
廣達	筆電為主	上海、常熟、重慶	密切關注上游供應鏈供貨狀況
英業達	筆電為主	上海、南京、重慶	密切關注上游供應鏈供貨狀況
微星	筆電為主	昆山、深圳	配合規定分時段停工，並透過調度排班解決出貨問題
藍天	筆電為主	昆山	配合規定，停產 4.5 日，日後彈性生產解決
研華	工業電腦	昆山	配合規定，停產 4.5 日，並協調其他廠區支援製造或彈性生產解決
神基	工業電腦	蘇州、昆山	配合規定，停產 4.5 日。日後彈性生產解決
台達電	PC 周邊	廣東東莞、蘇州吳江	已執行節能減碳措施

廠商	主要產品	中國大陸生產據點	因應措施
光寶科	PC 周邊	廣東廣州、江蘇常州	配合當地政府限電政策，調整非必要用電

備註：短期因應措施主要針對 2021/09/26-2021/09/30 的 4.5 日，作為評估期間。
資料來源：各公司，資策會 MIC 經濟部 ITIS 研究團隊整理，2022 年 6 月

（三）限電政策對臺灣資訊硬體產業之營運風險分析

1. 風險一：用電成本增加，臺灣產業能否轉嫁成本

(1) 背景與問題

面對 2021 年 9 月份中國大陸境內對於「限電」措施的討論，甚至已經影響到民生用電的狀況，對經濟成長、民生福祉等都已出現負面聲浪。為此，中國大陸總理李克強於 9 月 30 日表示「中國大陸將維護產業鏈供應鏈穩定，保證能源電力供應，保障基本民生，確保經濟運行在合理區間。」此外，中國大陸主管能源和工業生產的副總理韓正也要求中國大陸國內最大的幾家家國營能源企業，要不惜一切代價確保 2021 年冬季能源（含電力）供應。顯示此一問題將不僅是工業生產問題，更是民生經濟問題與社為穩定的問題，中國大陸應會更加重視。

電力供應部分，中國大陸將尋求其他煤炭生產國、增加進口，而且隨著中國大陸境內更多礦場在安全檢查後重新開工，整體產量將可恢復正常供應狀態。然從印尼、俄羅斯、南非等煤炭生產國購買，但印尼煤炭品質低於澳洲、俄羅斯同品質的煤炭價格高於澳洲一倍，且隨著印度、越南等國家也進入生產旺季，對煤炭發電的需求隨之提升，印尼煤炭的外銷價格將隨之調整，煤炭價格的上漲，將直接影響中國大陸的發電成本，不可避免將影響臺灣資通訊產業的用電成本。

(2) 因應方式

對資訊硬體產業而言，成本計算方式所需考量的因素非常多元且複雜，除傳統的「料、工、費」計算方式之外，多數廠商還會

額外提列 15-20%的利潤空間，作為天災、人禍等未知風險發生時，利潤不致減損太多的保障。以 2021 年而言，資訊硬體產業陸續面臨美中貿易關稅，上游零組件缺料、價格上漲，運輸成本上漲等問題，其影響性都遠大於此次面臨的用電成本上漲，加上用電成本占整體成本非常低，且可利用產線移轉、人員加班等方式因應。故面對後續用電成本的上漲，系統組裝廠將會納入成本計算、一併考量，而不會將用電成本單獨列出向客戶反映。

此外，若面臨電費調整，系統組裝廠將不會於當季反應，主要原因有中國大陸電費成本會遞延至下一季收取，且當地政府除了電費之外，尚有空污費等許多收費項目，且依據不同產業類別、營收規模等差異，當地政府的收費級距、標準也各異，甚至部分廠商也會利用生產數量的提升、就業人數的增加，反向跟當地政府爭取補貼，降低用電成本增加的影響。

2. 風險二：用電成本上漲，是否會促使位於中國大陸的產能或供應鏈進行移轉

(1) 背景與問題

因美中貿易／科技戰影響，臺灣產業在客戶要求及資安保護，逐漸降低中國大陸生產比重，往越南、印度、泰國等地區移轉。然 2021 年第三季，東南亞地區因疫情爆發影響，部分臺灣產業又將生產排程移回中國大陸。若 2021 年第四季或 2022 年，疫情趨緩並獲得控制，甚至於加上中國大陸華中、華南一帶的用電問題（不定期限電、用電成本上漲），臺灣資通訊產業是否會再調整中國大陸境內生產比重，如成都、重慶因鄰近三峽大壩，水力發電比重高，成本相對較低，產業優先「內轉」再「外移」。

(2) 因應方式

資訊硬體產業而言，中國大陸產能移轉或供應鏈移轉是非常大的議題，且考量因素除客戶需求外，轉移至別國生產則要考量土地、水電、人力（勞動力與人才）、基礎建設與投資優惠、稅務

等。近期僅有中國大陸勞動環境改變，以及美中貿易戰／科技戰，才是主要影響臺灣資訊硬體產業選擇產能移轉的主因。

電費提高雖然增加生產成本，但現今中國大陸強調的是環保、勞工權益等，所衍生的各項營運成本都在持續上升，加上電費只是成本，不足以成為產業產能移動的關鍵因素。此外，相較電費的上漲，大部分產業認為電力供應的穩定度將更為重要，畢竟電力不穩是風險，故企業重視電力供應的穩定度高於用電成本。

此外，資訊硬體產業相較其他產業，對電力的需求（消耗）程度並不算太高，若僅是因為電費略有增加而轉廠，並不划算。因產線移轉，首先將會產生 SMT 產線的搬遷、組裝費用，加上移轉之後對於工程師與現場作業人員的招募，也都會需要時間與額外的成本，所以大部分廠商將視 2022 年中國大陸對於能耗雙控的政策內容與電費走勢，再做決定。

3. 風險三：順應全球節能減碳，中國大陸限電政策，是否加速臺灣產業採用「再生能源」

(1) 背景與問題

除現有用電管制外，中國大陸地方政府也將會增加對「再生能源的消費」的目標管控，對臺灣產業而言，未來除了要關心用電管制下的產能調配，另一方面也提高對「再生能源」的採用速度與整體用電規劃。

(2) 因應方式

因應全球氣候議題的嚴峻以及各國政府與品牌廠商相繼提出相關減碳目標，資訊硬體產業都有訂定減碳目標，對於再生能源的導入也都有相關規劃。限電政策或用電成本上漲都是影響因素，但並不會「加速」。因為再生能源的成本更高，對毛利率不高的系統組裝廠商而言，負擔更大。

此外，資訊硬體產業以「製造」為主，要 100% 採用再生能源，難度非常大，僅能透過不同方式來達成目標，如有公司採取工廠

屋頂自建太陽能板發電的方式,但對工廠生產用電總量,無疑是「杯水車薪」。部分廠商有產能在重慶、成都,則可利用中國大陸長江三峽的水力發電,可以納入再生能源的使用範疇。其餘僅能透過碳交易及購買綠電的方式因應。

因此,再生能源使用的進展是明確的,品牌客戶、主要國家的政策目標都已經設定,雖然中國大陸限電政策並不會立即加速提高臺灣產業對再生能源的採用比重,但會提早中國大陸官方對再生能源使用進程的政策規劃,對臺灣資訊硬體產業而言,也勢必要提早規劃並完善未來的用電計畫。

(四) 結論

1. 能耗雙控的限電措施下,臺灣產業雖無近憂、遠慮需留意

此次的限電事件,雖然造成部分臺商企業在中國大陸受到停工的影響,但以昆山市而言,臺灣產業早已建立一完整產業聚落,對當地政府的經濟成長與就業人數,扮演重要地位,加上臺灣產業歷經多次升級轉型,對於綠色生產、環境永續的生產流程改善,多有成效。面對此次的限電事件中,臺灣產業受到的衝擊並不大。

長期而言,「能耗雙控」是中國大陸官方長期政策方向,未來作法會更定向往「雙高」的產業類別去限制,不過供電若再出現吃緊情況,仍不排除會有較大範圍的停工限制。此外,中國大陸地方政府也將會增加對「再生能源的消費」的目標管控,對臺灣產業而言,未來除了要關心用電管制下的產能調配,另一方面也要提高對「再生能源」的採用速度與整體用電規劃。

2. 監管措施持續,廠商布局需考量經營環境變數與穩定度

以此次限電事件來看,在中國大陸中央下達命令後,地方政府以「一刀切」方式進行管控造成的民怨太大,因此回歸定向會是近期作為,而往「兩高」產業的整治才是第一要項。不過,近期因東南亞疫情而在中國大陸提高產能來因應的廠商而言,此次的限電造成產能供應上的影響,無疑又成為廠商在供應鏈調整上的挑戰。

未來隨著中國大陸以建成法治國家為主要方向，預期將會更多監管措施出來，亦會造成中國大陸經營環境變數增加，加劇經營環境穩定性不夠的情況，因此短期內企業必須做好做足更快速因應的準備，同時企業也需要將中國大陸經營環境穩定性納入在全球布局、供應鏈移動上的重點考量因素之一。

3. **產業缺料及航運成本上漲問題未解，又逢用電成本上漲，臺灣資訊硬體產業營運風險增加**

此次的限電事件，雖然造成部分臺商企業在中國大陸受到停工的影響，但以昆山市而言，臺灣產業早已建立一完整產業聚落，對當地政府的經濟成長與就業人數，扮演重要地位，加上臺灣產業歷經多次升級轉型，對於綠色生產、環境永續的生產流程改善，多有成效。面對此次的限電事件中，臺灣產業受到的衝擊並不大。

面對中國大陸將調整限電措施，導致用電成本上漲，對資訊硬體產業而言，2021年面臨缺料問題及航運成本上升等重大事件，系統組裝廠商針對所上漲的成本壓力，已經數度與品牌客戶溝通。至第四季將面對的用電成本上漲，因占整體成本比重不高，且依據產業類型、生產產值規模等不同，可與當地政府協調相關補貼。因此，對資訊硬體產業而言，用電成本短期雖會上漲，然漲幅仍在產業可以掌握的區間之內。未來產業則會持續觀測中國大陸限電政策內容走向與電價趨勢變化，作為往後產線排程與成本報價計算的基礎。

4. **中國大陸勞動環境改變及美中關係變遷為產業產能移動主因，限電政策並不會影響產業產能變化**

電費提高雖然會增加生產成本，但現今中國大陸強調的是環保、勞工權益等，所衍生的各項營運成本都在持續上升，加上電費只是成本的一環，不足以成為產業產能移動的關鍵因素。此外，相較電費的上漲，大部分產業認為電力供應的穩定度將更為重要，畢竟電力不穩，更是風險，故企業重視電力供應的穩定度高於用電成本的調整。

再者，對資訊硬體產業而言，產線是否移轉，首先將會考量SMT產線的搬遷、組裝費用，加上移轉之後，新廠址需要增加新工程師與

現場作業人員的招募,都會需要時間與額外的成本,所以大部分廠商將視 2022 年中國大陸對於能耗雙控的政策內容與電費走勢,再做決定,短期不會輕易移動產能配置。

5. 再生能源短期不會加速擴大導入,臺灣產業應及早提出對再生能源的採用規劃

長期而言,「能耗雙控」是中國大陸官方長期政策方向,未來作法會更定向往「雙高」的產業類別去限制,不過供電若再出現吃緊情況,仍不排除會有較大範圍的停工限制。此外,中國大陸地方政府也將會增加對「再生能源的消費」的目標管控,對臺灣產業而言,未來除了要關心用電管制下的產能調配,另一方面也要提高對「再生能源」的採用速度與整體用電規劃。

再生能源使用的進展是明確的,品牌客戶、主要國家的政策目標都已經設定,雖然中國大陸限電政策並不會立即加速提高臺灣產業對再生能源的採用比重,但會提早中國大陸官方對再生能源使用進程的政策規劃,對臺灣資訊硬體產業而言,也勢必要提早規劃並完善未來的用電計畫。

二、我國資訊硬體產業供應鏈移動現況分析

近年來全球經貿情勢變化多端,在美中貿易戰、COVID-19 疫情,以及面對地緣政治與後疫情時代可能產生的突發事件考量下,產業供應鏈的轉變已是大勢所趨,國家安全與產業供應鏈的穩定成為各國優先考量的決策模式。以下將從探討全球的景氣影響因子切入,針對產業供應鏈移動因素、區位選擇考量、主要國家相關政策進行剖析,並探究我國業者對於全球供應鏈轉變下可能採取的因應作法。

(一) 我國供應鏈移動背景說明

資訊硬體產業發展至今已相當成熟,全球供應鏈布局完整且穩定,國際情勢的瞬息變化下改變了這樣的長期生態,全球供應鏈重組的浪潮也隨之興起。觀察近期資訊硬體產業在供應鏈移動的發展歷程,2018 年至 2019 年間的移動,主要是因為美中貿易戰的開打產生

的加徵關稅議題，促使廠商為了自身成本考量而調整布局，移動的軌跡是中高階產品移回臺灣製造、低階則往勞動成本較低以及運費合算的地點作為代工生產據點。

2020年至2021年間的移動，則因應地緣政治緊張局勢的升高、COVID-19疫情的蔓延，以及極端氣候的突發事件等因素，而讓企業感受到供應鏈的脆弱性。有鑑於此，全球供應鏈的軌跡轉向在地生產的規劃，包含移回各自國家生產，以及選擇前往具備龐大內需市場之新興國家或地區直接設廠生產以就近供應。

表 5-3 2018-2021 年供應鏈移動因素盤點

時間	2018-2019	2019-2020	2020-2021
主要驅動因素	● 美中貿易／科技戰	● 美中貿易／科技戰 ● COVID-19疫情	● 美中貿易／科技戰 ● COVID-19疫情 ● 變種病毒擴散 ● 物流變革 ● 極端氣候問題頻傳
移動原因	貿易戰中加徵關稅的手段，影響臺商長期以中國大陸為主要生產據點的模式	貿易戰的加徵關稅，促使廠商因自身成本考量而調整布局，COVID-19疫情則體現供應鏈斷貨衝擊，加速長期依賴中國大陸臺商移出供應鏈的決心，藉此分散風險	從科技競爭到戰略安全，顯示臺商應配合全球供應鏈重組動態調整生產規劃、尋找可靠的合作夥伴，甚至要塑造高強度韌性，才可因應未來可能隨時再現的危機與風險

資料來源：資策會 MIC 經濟部 ITIS 研究團隊，2022 年 6 月

（二）資訊硬體產業之移動因素分析

歸納資訊硬體產業供應鏈出現移動的原因，主要包含三大影響因素，包含美中關稅壓力、COVID-19疫情、ESG考量，三大因素的催化下也促使廠商加速了產業供應鏈移動的決心。以下將針對三大因素對於資訊硬體產業的影響進行分析。

1. 美中關稅壓力

　　自 2018 年 9 月關稅戰的開打，迫使 PC 業者落實供應鏈移轉與商品售價調整的計畫。2019 年 5 月則延伸至針對桌上型電腦（以下簡稱桌機）、主機板、顯示卡等 2,000 億美元關稅清單的硬體產品課徵 25%懲罰性關稅。同年度美國貿易代表署再度公布另一項輸美加徵 25%關稅的商品清單，內容包含筆記型電腦（以下簡稱筆電）、平板電腦、智慧型手機等 3,000 多項產品，清單幾乎涵蓋先前未課徵關稅的產品，促使當時貿易糾紛情勢再度提高。所幸在 2019 年底雙方終於達成第一階段協議以及公告協定結果，將無限期暫停實施包括筆電、手機等電子產品，使得這些商品得以脫離此波中美貿易糾紛的關稅清單。

　　2021 年美國前總統川普掀起的關稅貿易戰火，並未隨著其下台而落幕，因 2020 年 8 月宣布的 2,000 億美元產品豁免權僅至 2020 年 12 月 31 止，意即自 2021 年 1 月 1 日起，包含主機板與顯示卡等產品關稅都從零變成 25%，倘若商品輸美是從中國大陸組裝而來，都須加徵這一層關稅。

　　有鑑於此，品牌商為了避免關稅造成生產成本的提升，因此要求組裝廠將工廠移往非中國大陸的生產地區製造，藉此免去產品在中國大陸生產造成成本被迫提高的問題，美中之間也因關稅角力而點醒業者開始去思考供應鏈據點布局的議題。

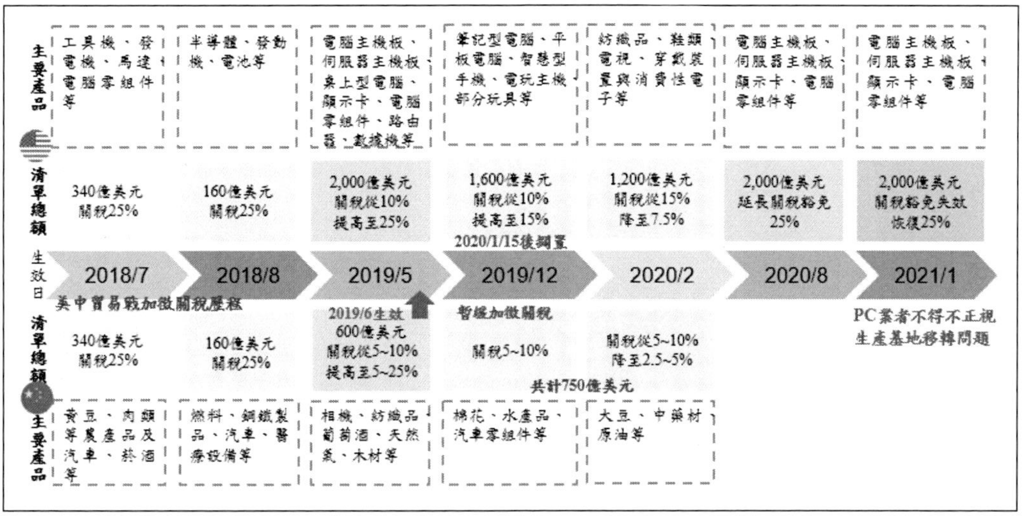

資料來源：資策會 MIC 經濟部 ITIS 研究團隊，2022 年 6 月

圖 5-1　美中貿易戰關稅清單與主要產品

2. COVID-19 疫情

COVID-19 疫情從 2019 年底的中國大陸武漢開始向外蔓延，至 2020 年演變成全球大流行，疫情初期時，中國大陸各省陸續宣布封城令，造成多家業者的中國大陸廠房面臨延後復工、缺工缺料和物流不順等生產問題的產生，影響到國家安全與民眾生命健康損失，顯現過度依賴單一供應來源的風險，此事件也讓業者更加重視供應鏈移動的迫切性。

2021 年疫情蔓延至今仍未停歇，全球經濟前景依舊充滿高度的不確定性，其中，因為疫情的影響下出現了與過往不同的新型態交流模式，例如在家辦公、線上學習等改變，此變化也為資訊硬體產業帶來了全新的變局。

3. ESG 考量

近年在極端氣候異常、全球疫情與人為災害等衝擊下，更可以感受到以往供應鏈的脆弱，例如德州暴風雪造成工廠停電、日本晶片工廠火災造成產能受損等，企業在永續經營的同時，若沒有環境、社會

和企業治理觀念，則人類的經濟行為將對環境持續造成傷害。有鑑於此，供應鏈所在國家的ESG指標已成為各企業重視的衡量標準，具備ESG格局的生產線，才可避免日後發生不可逆轉的風險。

此外，以歐盟為首的碳中和目標，以及中國大陸、美國、英國等相繼祭出碳交易措施，甚至納入國家政策的重點項目，未來企業在進口產品至他國時，碳密集型產品的碳稅將成為增加企業額外成本的衝擊因素。其次則是在強迫勞動、人權、公共安全與勞工權益議題等逐漸受到重視，因此企業在在供應鏈移動選擇時，ESG已漸成為重要的指標之一。

（三）主要國家／地區供應鏈移動選址考量

1. 土地、勞動、資源、市場等評估為業者首要關注重點

在全球產業供應鏈移動的區位選擇中，針對全球重點國家與地區進行移動可能產生的拉力與推力之因素盤點，可以發現在東南亞／南亞與中南美洲的推力因素以人才短缺、基礎投資不足為主，在拉力上，則是具備人口紅利高、政策優惠與擁有多個自由貿易協定的優勢。歐美地區則因為鄰近需求市場、人才素質高，以及內需市場龐大等優勢，吸引廠商願意前往設廠生產。反觀在中國大陸方面，雖然產業聚落相對完整，但也因為人力成本的逐漸提高、關稅增加等問題，促使整體產業正著手在進行評估多元調配生產基地的可能性。

表 5-4　重點國家／地區在生產基地移動上的推力與拉力因素盤點

國家／地區	推力因素	拉力因素
臺灣	● 土地取得困難 ● 建設成本高 ● 人力成本高	● 供應鏈完整（全球總部） ● 人力素質高
中國大陸	● 品牌客戶要求遷廠 ● 土地成本上升 ● 招工困難、流動率高 ● 加徵關稅風險高	● 供應鏈、原物料完整 ● 語言與臺灣相通 ● 累積多年的人才培育

國家／地區	推力因素	拉力因素
東南亞	● 基礎建設不完善 ● 供應鏈群聚不完整 ● 中高階人才短缺	● 東協進入中國大陸門戶 ● 擁有多個地區自由貿易協議 ● 關稅優惠 ● 人力年輕且便宜
南亞	● 基礎建設不完善 ● 供應鏈群聚不完整 ● 人員英語理解能力差 ● 當地政府執行力欠佳 ● 中高階人才短缺	● 人力豐沛且便宜 ● 內需市場龐大
美國	● 建設成本高 ● 人力成本高	● 基礎建設完善 ● 內需市場龐大 ● 鄰近需求市場 ● 擁有多個地區自由貿易協議
中南美洲	● 社會動盪 ● 缺乏外商投資政策 ● 基礎投資不足 ● 中高階人才短缺	● 具競爭力的勞動力成本 ● 擁有多個地區自由貿易協議 ● 鄰近北美與歐洲市場
歐洲各國	● 建設成本高 ● 人力成本高	● 基礎建設完善 ● 內需市場龐大 ● 鄰近需求市場 ● 擁有多個地區自由貿易協議

資料來源：資策會 MIC 經濟部 ITIS 研究團隊，2022 年 6 月

綜整影響供應鏈移動的考量因素，包含品牌客戶是否有要求、基礎建設是否完善、當地政府的政策優惠措施、人才素質優劣、勞動力成本高低、是否有自由貿易協定支持，以及需求市場的鄰近程度等七大要素，進而衍生出區域化的多元生產布局。

2. 符合當地政策要求是業者決定最終落地的關鍵

(1) 美國

雖然美中關係、疫情衝擊以及 ESG 環境永續議題可能還不足以影響美國資訊產業現有能量，但美國也深思該如何扭轉現有資訊產業供應鏈的現況，來提高美國在未來發展的掌控力，因此美國網路空間日光浴委員會（Cyberspace Solarium Commission, CSC）委員會於 2020 年 10 月公布了「可信賴 ICT 供應鏈白皮書」。

CSC 係根據 2019 年美國 NDAA 國防授權法設立，旨在「就網絡空間保衛美國免受重大網絡攻擊之戰略方法」達成美國各界共識，由參議員 Angus King, Jr.（無黨籍偏民主黨）和眾議員 Mike Gallagher（共和黨）任共同主席並有 14 名專員，含四名立法專員、四名高級執行機構領導人和六名政府以外之國家認可專家。

美國可信賴 ICT 供應鏈白皮書首先點出因對他國仰賴性而有三項主要風險，並進一步說明在原材料、半導體製造和 ICT 成品設備等供應體系之不足，故須重視合作夥伴以期能改善供應鏈的安全性，顯見美國針對供應鏈的重整問題認為應該要有相應的政策支持。

另一方面，2021 年 1 月 25 日美國總統拜登正式簽屬「Buy American（購買美國貨）」行政命令，或可稱為採購美國製造之美國優先政策，以支持美國相關製造商、企業及工人所製造的產品，以及優先投資美國企業之美國製造路線的政策推進。而在拜登上任後，承諾支持美國供應鏈本土化政策，代表著將以美國企業為優先，以確保在危機發生期間美國不會面臨所需的關鍵產品短缺的風險。

為降低關鍵產品依賴中國大陸，美國將尋求多元化美國供應鏈，作法為拉高美國本土生產比重或是與盟國攜手生產，在此情況下，雖然可能因此牽制廠商在中國大陸的發展機會，但廠商也會考量到為了做美國與中國大陸兩大經濟體的生意，而採取雙邊

布局策略，亦即將輸美產品改至美國進行生產，輸往中國大陸的則維持在中國大陸生產製造。

另外，包含半導體晶圓大廠台積電至美國設廠一事，未來美國也可能要求臺灣及其他盟國業者赴美進行投資、增設工廠，中美之間的兩套標準如何維持且兩邊平衡，將是廠商們需面對的一大課題。

(2) 中南美洲

巴西科技部（MCTIC）於2020年3月底公告對資通訊廠商實施投資研發申請減稅施行條例，由具基本生產程序資格廠商在每季填報申請稅收抵免，對國產及進口品一律適用，有助國際品牌與代工業者在當地進行部分組裝時享有較低成本的待遇。

墨西哥對關稅徵收有幾種稅收優惠政策，使得在進口時可獲得進口關稅免除或臨時免除。其次，與多個國家簽訂自由貿易協定，進口貨物時可享受基本進口稅的優惠，同時建立法令推廣計畫（PROSEC），支持自家企業出口或鼓勵外商在墨西哥投資。

(3) 歐洲各國

數位變革（Digital Transition）是歐洲未來景氣繁榮與應對能力的關鍵，有鑑於此，歐盟執委會提出2021至2027年的數位歐洲計畫，目的是加速景氣復甦與驅動歐洲數位轉型，在82億歐元的預算下建立歐盟策略性數位能量和促進歐洲公民、企業與公部門的廣泛使用。主要聚焦於五大重要領域，包含高效能運算、人工智慧、網路安全與信任、數位技能，以及確保在經濟與社會中廣泛使用數位科技。此計畫也將帶起歐洲製造業數位轉型的浪潮，透過物聯網、大數據、雲端服務等數位科技來蒐集並分析相關數據，並隨時根據市場需求與狀況做出適當調整，以強化在供應鏈移動過程的應變能力。

捷克政府宣布自2021年元旦起，臺灣企業在捷克投資取得股利或收取權利金收入，將從原本稅負35%降至最高不超過10%；營業利潤符合未設常設機構條件，則可降低至免稅。臺灣與捷克

的租稅協定其實早在 2017 年底就已簽署，雙方在經過各自法定程序後，終於在 2020 年 5 月正式生效，2021 年起在捷克投資的臺商始可享受優稅，包括在捷克設廠的鴻海、華碩都可望受惠。

(4) 東南亞／南亞

為增加國外直接投資，印尼政府透過印尼外國直接投資委員會（BKPM）對經濟產生重大影響的產業提供稅收優惠。截至 2021 年第一季稅收優惠重點，包含進口關稅獎勵、免稅額（超過 6 年投資價值的 30%）、免課徵期間（免徵企業所得稅 5 至 20 年）、工業區投資建設獎勵等。

2020 年 7 月馬來西亞政府推出 350 億馬幣「國家經濟復甦計畫」，吸引外資企業將營運地點遷移至馬國，外資企業在製造業的新資本投資介於 3 億至 5 億馬幣，可享長達 10 年期的 0%稅率；新資本投資額介於 5 億馬幣以上的外資企業，可享長達 15 年 0%稅率。至於現有馬國的企業將其海外製造設施轉移至馬國，則可享有高達 100%投資稅務優惠。

泰國投資促進委員會（BOI）依據投資活動類型評斷獎勵等級，接受外國企業可持有土地所有權、允許引進外籍技術人員或專家在享受投資優惠權益的項目中工作，促進外國投資和解決投資障礙。

越南政府方面，於 2020 年 12 月 30 日簽發第 38 號公告－優先投資發展的高科技清單暨鼓勵發展的高科技產品，此政策對於在製造及貿易方面擁有高科技的企業將因此受惠。

印度政府方面，為了蛻變為製造強國，印度總理莫迪在 2014 年上任時便推出「印度製造（Make in India）」，聚焦汽車、航空、化工、國防軍工、電子設備、製藥等 25 大產業，藉此提升印度的製造業實力，吸引外商前來投資設廠，創造就業機會。2020 年因遇到疫情的爆發，迫使印度政府需祭出封城令的手段，導致經濟受到重創。有鑑於此，印度頒布超過 2,700 億美元的自力更生計畫（Self-Reliant India），範圍涵蓋土地、勞動力、資金和法律

等層面,對各種規模之企業、農民和中產階級予以資金的援助。其次,印度財政部於2020年2月公布「2020年財政預算案」,祭出扶持農業、新創事業並加強數位化及投入基礎建設等多項發展政策,著重於透過簡化稅政與提供租稅優惠,吸引海外投資人赴印度投資。

總體而言,東南亞與南亞地區政府除了提供稅收優惠外,還包含人力成本低且多,甚至是內需市場大的優勢,因此在美中貿易競爭下,可望成為新興亞洲工廠的角色。

(5) 中國大陸

中方政府方面,由於面對來自美國政府的打壓,包括對中國大陸技術管制、推動「去中國化」、鼓勵廠商在美投資生產等措施,中方政府也不甘示弱,分別提出四項重要政策。

- 「3-5-2」政策:中國大陸政府於2019年12月下令政府辦公室及公共機構在3年內需全部撤換改用國產的電腦軟硬體計畫,包括電腦的作業系統等,汰換速度為2020年底前淘汰30%非國產電腦與相關軟體,2021年達到50%,2022年再完成剩下的20%,預計於2022年底完成,所以被稱為352政策。可以看出中國大陸政府想要加大國產替代進度的動作,明顯可見是為了回應美國政府限制中國大陸境內及其盟友使用其科技產品的政策意涵,此作法間接使得非中系廠商面臨輸入中國大陸的產品受到影響,而須考量如何與中國大陸業者合作,確保產品仍可輸往中國大陸市場。

- 新基建:加速啟動「去美化」,聚焦「內迴圈經濟」,目的在擴大內需以確保經濟穩定度。希望以中國大陸內需消費、市場和企業作為其成長的主要驅動力,同時亦重視科技領域,主要在於其結合中國大陸高科技的國家級策略目標。

- 十四五:推動境內經濟與社會發展的頂層設計,維持穩定與創新轉型方向之外,並因應內外部的環境做轉變。其次,強化科技與供應鏈自主可控能力,「去美化」是長期的目標。

並提出擴大內需策略，形成「需求牽引供給、供給創造需求」。

● 中國標準2035：實現社會主義現代化，強調經濟、科技兩大面向的實力提升，經濟不設硬性指標以追求高品質穩健發展，科技則要求自強突破。亦即中國大陸政府欲透過技術、設備自主化，同時藉由擴大內需市場帶動整體供給端的結構性改革，達到全面促進消費以及拓展投資之目標，建構全新的發展優勢。

綜上所述，歐美與東南亞／南亞地區紛紛推出多項投資設廠的優惠與補貼措施，以鼓勵廠商回流或吸引外國廠商進入自己國家來生產製造，其中又以東南亞／南亞地區的政策優惠更具誘因。中方政府亦不遑多讓，為止血美方政府的打壓，接連制定多項去美化政策，除了鞏固實體經濟根基，更是強調擴大內需市場與強化供給端，建構全新的發展格局。

（四）我國資訊硬體產業供應鏈移動觀察

綜觀資訊硬體產業之供應鏈移動因素與主要國家／地區所制訂的政策可見，各國政府對供應鏈布局的態度，皆希望資訊硬體產業廠商可以選擇移至自己國家進行生產製造。以資訊硬體產業為例，臺灣的鴻海、英業達、緯創、廣達、和碩等除了相繼回臺投資之外，也將產能移往東南亞，夏普（Sharp）則是前往泰國與越南投資，韓國的Samsung則逐步將生產線產能搬遷至越南。面對此一局勢下，我國因為在資訊硬體產業產值具有舉足輕重的角色，因此更應該具備靈活調整海內外產能及供應鏈的對策。

1. 代工廠商先行，零組件廠商後至

依照目前資訊硬體產業廠商設廠的狀況，現階段我國資訊硬體廠商的移動腳步是由代工廠商先行，零組件廠商後至，主要原因也與美中貿易關稅課徵的定義是看產品的最後組裝地為主，因此廠商還是可以選擇從中國大陸購買零組件後再去非中國家進行組裝，後輸美銷售的路徑，其中臺商又以選擇東南亞／南亞地區設廠為主。

第五章 焦點議題探討

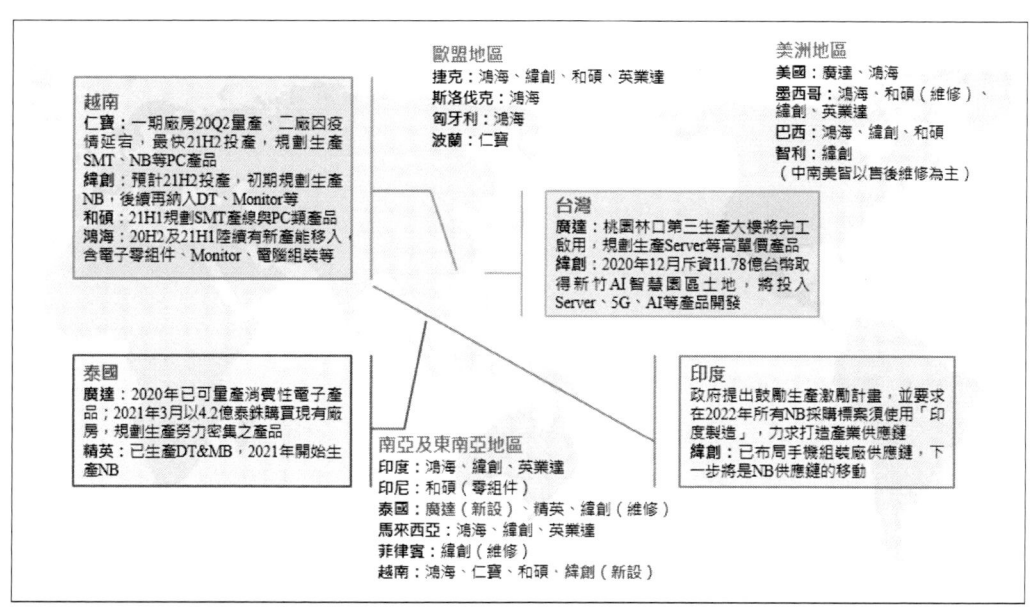

```
歐盟地區                          美洲地區
捷克：鴻海、緯創、和碩、英業達      美國：廣達、鴻海
斯洛伐克：鴻海                    墨西哥：鴻海、和碩（維修）、
匈牙利：鴻海                            緯創、英業達
波蘭：仁寶                        巴西：鴻海、緯創、和碩
                                 智利：緯創
                                 （中南美智以售後維修為主）

越南
仁寶：一期廠房20Q2量產，二廠因疫
情延宕，最快21H2投產，規劃生產
SMT、NB等PC產品
緯創：預計21H2投產，初期規劃生產
NB，後續再納入DT、Monitor等
和碩：21H1規劃SMT產線與PC類產品
鴻海：20H2及21H1陸續有新產能移入，
含電子零組件、Monitor、電競組裝等

台灣
廣達：桃園林口第三生產大樓將完工
啟用，規劃生產Server等高單價產品
緯創：2020年12月斥資11.78億台幣取
得新竹AI智慧園區土地，將投入
Server、5G、AI等產品開發

泰國
廣達：2020年已可量產消費性電子產
品；2021年3月以4.2億泰銖購買現有廠
房，規劃生產勞力密集之產品
精英：已生產DT&MB，2021年開始生
產NB

印度
政府提出鼓勵生產激勵計畫，並要求
在2022年所有NB採購標案須使用「印
度製造」，力求打造產業供應鏈
緯創：已布局手機組裝廠供應鏈，下
一步將是NB供應鏈的移動

南亞及東南亞地區
印度：鴻海、緯創、英業達
印尼：和碩（零組件）
泰國：廣達（新設）、精英、緯創（維修）
馬來西亞：鴻海、緯創、英業達
菲律賓：緯創（維修）
越南：鴻海、仁寶、和碩、緯創（新設）
```

資料來源：資策會 MIC 經濟部 ITIS 研究團隊，2022 年 6 月

圖 5-2 臺灣代工廠目前設廠狀況

　　而從不同的資訊產品來看，可以發現不同的產業，所選擇的生產據點也有所不同，以下盤點組裝廠與關鍵零組件廠目前生產的據點。從桌機和伺服器來看，占據 BOM 成本比重約五成左右的是半導體元件，而這些元件本來就不在中國大陸生產，後端組裝方面，則是已經陸續轉移到捷克、墨西哥等地，甚至東南亞也是備選基地。

　　另外，桌機、顯示卡等 SMT 打板也是陸續將部分產能移到越南或臺灣等地，尤其是高階產品的部分。至於硬碟、SSD 等美、日元件廠商則是本來就有同時布局泰國等東南亞國家，也就是說，並沒有把所有產能都放在中國大陸。因此，目前桌機產品中主要仍聚集在中國大陸的是以具規模經濟生產的零組件為主，包含印刷電路板（Printed circuit board, PCB）、顯示面板、部分機構件等。伺服器產業則因為受到美系品牌客戶的要求與資安議題考量，因此中國大陸生產比重已低於五成，產能移出則是以墨西哥、美國與臺灣為主。

　　至於筆電的組裝廠與關鍵零組件廠之生產據點，因相對於桌機與伺服器產業來說並未受到美中貿易戰的波及，因此僅部分具資安

疑慮的產品，以及品牌客戶有特殊要求才移回臺灣，故 2020 年在臺生產比重僅從 2019 年的 1%提升至 3%左右，筆電產業供應鏈之生產仍是以中國大陸為主要據點。

2. 疫情延燒與突發事件頻傳，更加確立供應鏈區域化分配趨勢

雖然 COVID-19 疫情至今尚未被完全控制住，但其實從美中之間的科技競爭到地緣政治的戰略安全可見，臺商應配合全球供應鏈轉變的動態來調整生產據點規劃，甚至要塑造高強度韌性，才能即時因應未來可能再現的危機與風險。例如 2021 年第二季東南亞疫情的突然爆發，原本在 2020 年還是東南亞地區的防疫模範生－越南，在 2021 年仍逃不過被疫情反撲的影響，廠商的因應措施即是進行產能調配，包含增加其他地區產能比重，藉此因應東南亞地區因為疫情而被迫停工影響產能供給的情況。

我國資訊硬體產業之關鍵零組件廠，包含被動元件、半導體封測廠、硬碟等多位於東南亞／南亞地區，不過因應疫情廠商多採取降低當地產能，並由其他國家或地區之疫情相對緩和且受到控制，例如中國大陸等提供支援客戶所下之訂單，因此其實對於我國零組件廠的影響程度有限。

另外，就目前觀察供應鏈移往東南亞／南亞地區做資訊硬體產業的生產據點布局仍是未來趨勢，然因為目前為止東南亞／南亞地區尚缺乏完整供應鏈，因此臺商的作法多為將高階產品移回臺灣生產，低階產品則移至新興市場布局，採取區域化分配的供應鏈模式。

（五）結論

1. 美中關稅、COVID-19 疫情、地緣政治與 ESG 考量為影響供應鏈移動關鍵

分析影響產業景氣的主要原因可見，在美中政治角力下的懲罰性關稅壓力、COVID-19 疫情導致的缺工缺料問題、地緣政治與 ESG 考量之三大影響因子成為推動廠商在產業供應鏈移動的關鍵因素。其中，資訊硬體業者為分散經營風險及符合客戶需求，採取區域化生產原則，雖然會對原有供應體系、成本管控與人力管理等各層面造成

衝擊，但三大影響因子輪番影響產業供應鏈的事件，讓業者不得不去正視彈性效率的重要性。

2. 歐美地區採稅務優惠與獎勵人才政策，東南亞／南亞地區朝向成為新興亞洲工廠為目標

歐美地區的政策盤點可見，包含美國、巴西、墨西哥、捷克等，當地政府大多是以稅收優惠與獎勵人才的模式，來鼓勵自家企業回流生產製造，或是吸引外國企業來到自己的國家設廠生產，其中，稅收優惠措施主要落在減免或直接免稅的方式進行。

另一方面，在美中政治角力下，東南亞／南亞地區政府包含印尼、馬來西亞、泰國、菲律賓、越南、印度等，除了提供稅收優惠外，還包含人力成本低且多，以及具備內需市場龐大的優勢，因此在美中貿易戰役的競爭下，可望取代中國大陸成為新興亞洲工廠的角色。

3. 我國企業以代工產業為主，供應鏈區位為聽從客戶要求所設置

在資訊硬體產業上我國具有全球的領先地位，不過因為我國產業的屬性以代工廠為主，自有品牌不多，因此在生產據點上多是聽從國際品牌客戶的要求而有所動作，故在供應鏈移動的區位選擇上相對不具選擇權。

進一步分析各產品之供應鏈移動轉變，因為美中貿易及科技衝突，促使我國資訊硬體產業生產據點出現變化，其中桌機與筆電產業受到的衝擊幅度較小，中國大陸之產能配置分別維持八成與九成以上之比重，桌機方面，雖然有受到美中貿易之懲罰性25%關稅壓力，但其上游的零組件料件因不受影響，故仍以中國大陸生產製造為主，後配送至各國。

筆電方面，中國大陸因擁有完整產業聚落，因此臺灣代工廠幾乎全在中國大陸製造，加上美中的懲罰性關稅未波及至筆電，僅將部分具資安疑慮的產品，或是客戶特殊需求之訂單，改選在臺灣本地進行生產製造,因此預期2021年在中國大陸製造比重仍有高達九成以上。惟伺服器產業在COVID-19疫情期間採用的遠距辦公模式，使資安防護備受重視，在資訊的安全考量下，致使美國伺服器品牌商持續降

低中國大陸生產製造比重，觀測中國大陸生產比重目前已低於五成，產能移出則是以墨西哥、美國與臺灣為主。

三、國際大廠發展自研晶片之意涵分析

全球資訊硬體產品與雲端服務的規格需求、應用場景等更加多樣化，處理器廠商的通用晶片與處理器漸漸不能滿足客戶更趨複雜的需求。因此國際大廠包含 Apple、Amazon、阿里巴巴等，開始朝向「自己研發設計晶片」的領域發展。其中，因為端點產品與雲產品的切入角度不同，以下將分成兩大類別進行探討投入原因，並進一步剖析端點與雲產品的發展走向與可能影響。

（一）國際大廠投入自研晶片的原因

1. 端點產品

(1) 強化產品差異性

因應客製化趨勢越趨明顯，終端產品多樣性越來越高，且隨著智慧聯網世代的來臨，AI 應用場景將越來越多，通用型晶片無法滿足多樣化的應用需求，品牌廠為進行產品差異化，紛紛跨入自研晶片領域，希冀掌握晶片開發的主導性，自行設計具有差異化的晶片及處理器，讓自家的軟體及硬體組合搭配更加多元且融合。

此外，隨著端點產品產業競爭越趨激烈，在市場越來越擁擠的情況下，終端產品廠商需在紅海中開發新的藍海市場，因此，包含手機、筆電等廠商開始藉由將 AI 晶片、影像處理晶片等欲強化的功能型晶片整合進入處理器的開發，藉此增強作為大腦功用的處理器性能表現，並提供具差異性的特定功能。如 Google 近期針對 Pixel 6 所開發設計的 Tensor 晶片，便是將 AI 加速晶片整合進處理器中，透過本身在 AI 加速引擎的強項，增強手機中繪圖處理、語音辨識等機器學習功能，而此款晶片也預期將於 2023 年導入筆電產品中。

(2) 完善產品生態系發展

從投入者角度來看，近期致力於發展筆電自研晶片的廠商並非是 Dell、HP、聯想這類專注於 PC 產品的前三大品牌廠，反而是以 Apple、Google 這些旗下產品線多元的廠商為主。且從 Apple 和 Google 的投入策略可見，雖然這些廠商並非專業晶片設計企業，然而由於其具備足夠的資本、豐富的使用者體驗資料，以及大多具備軟體開發能力，如 Apple 擁有 macOS、iOS 等系統，Google 則具備 Chrome OS。因此這些廠商近期開始透過自行設計所需晶片的方式，加成其軟體平台的價值，並在不同的產品線間達成垂直整合，透過自研晶片及軟體系統平台的相輔相成，串聯終端產品，完善整體生態系統的表現。

其中，Apple 希望藉由自研處理器的開發，控制 Mac 的軟硬體生態，打造具有掌控力的軟硬體生態圈，便是最明顯的例子。Apple 基於 Arm 架構所設計的 M1 系列晶片，除了可加快處理速度、延長電池壽命以及強化安全防護外，更可與 iPhone iOS、iPadOS 等終端產品鏈結，讓 Apple 手機端、平板端的應用程式，皆可在新版的 macOS 上執行，此外由於 Apple 擁有使用者體驗資訊，因此在晶片設計上反而可針對用戶喜愛的應用程式進行強化，藉此透過軟硬體的配合在 App 運作上進行調整，緊密串連自家終端產品的使用體驗。

(3) 掌握晶片交付時間

過去，終端產品多採用 IC 設計廠設計之通用型晶片，終端產品品牌商被迫配合 IC 設計廠商的開發時程，最著名的例子便是 2018 年 Intel 新品供應時程的延誤，不僅讓當時處理器面臨缺貨危機，也導致相關筆電廠商在新品開發上受到阻礙。

近期，COVID-19 疫情以及美中貿易糾紛等突發事件的影響，更是對供應鏈帶來巨大的衝擊。地緣政治因素使得相關 IC 產能受到牽制，疫情造成的斷鏈也讓終端產品上游零組件出現缺料，使得晶片交付時間受到影響。終端產品廠商意識到倘若企業獲取

料件的能力受限於上游晶片製造商的交付能力，將使創新的步伐受到限制，因此加速了自研晶片的開發。

(4) 設計架構的支援

若從筆電自研晶片的發展來看，包含以 M1 系列晶片打響自研處理器知名度的 Apple，到近期成功將自研晶片導入手機端的 Google，以及未來有意自行設計處理器的 Samsung，皆可見其自研晶片均以採用 Arm 架構設計的晶片作為基礎，除了是因為 Arm 架構在設計開發上相對傳統 x86 架構較為彈性且開放外，近期隨著 Apple 的領頭，以及高通、聯發科等傳統 IC 設計廠相繼投入 Arm 架構處理器的開發，Arm 也積極針對與 Windows 系統的相容性開發及測試，透過與供應商合作擴大其軟體相容性，強化在終端產品的應用範疇。

2. 雲產品

(1) 加強所提供的雲端服務

雲端服務商和處理器業者過去為穩固與上下游合作關係，採用以 Intel、AMD 為首的複雜指令集（CISC）下的 x86 架構處理器。然而在雲端服務多元化、應用場景增加的情形下，各廠商為了能夠最佳化其提供的雲端服務，希望針對其資料中心及雲端服務量身打造晶片，因此開始使用以精簡指令集（RISC）下的 Arm 架構來自製專屬且不跟競爭對手採用相同晶片。若以 AWS 為例，其自 2018 推出的 Graviton 自研晶片，藉由搭載於自身資料中心內的伺服器，可以更有效地配合其彈性雲端運算（Elastic Compute Cloud, EC2）服務，進行軟硬體整合，並與競爭對手劃出區別。

(2) 降低營運成本與能耗並達到淨零碳排

當前全球皆在關注淨零碳排（Net Zero）議題，2020 年 6 月聯合國發起零碳排放活動（Race To Zero Campaign），希望加入的各國及企業最慢在 2050 年達到淨零碳排。雲端服務商作為資料中心的主要建造者與擁有者，每年會有大量的碳排放，在節能減碳

的趨勢下，如何透過降低能源耗損來達到淨零碳排成為他們關注的重點。

過去雲端服務商透過碳交易（Trade Off）來實現目標，未來可以透過客製化資料中心來設法達成需求。因此能否達成目標，晶片設計功能是關鍵。當前的晶片不足以滿足降低資料中心能耗，若能自製出個符合自身資料中心需求的晶片，將有助於降低特定設備和產品的能耗，搭配如水冷等新型冷卻系統的導入，可節省整體用電成本並降低碳排放量。

(3) 增加供貨量並降低缺料風險

雲端服務商過去為晶片或處理器的需求方，因此若是上游供應商產生缺料，對於生產排程的掌握會較為困難。舉例來說，各企業在網通晶片方面十分仰賴博通（Broadcom）、麥凌威（Maxlinear）等晶片設計廠商的供應，若是出現缺料就會產生重大影響。因此若是能夠自行研發晶片，直接向晶圓代工廠進行下單，相較於競爭對手就可以占據優勢，就算不能立即填補缺料空缺，對於晶片料況的掌握度仍會提升。當前在疫情影響下，IC缺料情形嚴重，對雲端服務商而言就會更希望透過自給自足的方式，來降低缺料所造成的風險。

(4) 節省晶片改動時間與成本

當前投入自研晶片的廠商均為大型跨國企業，初期研發成本的投注並無太大的困難，此外當前有許多開發工具可以節省研發成本，因此相較過去更容易進行開發。然而雲端服務商在面對不同客戶時會提供不一樣的雲產品，對於晶片的要求也會有所差異。雲端服務商過去採用其他廠商的晶片，在規格上較難進行改動，不太可能完全客製化，因為對於 Intel、AMD、NVIDIA 等處理器大廠而言，仍要考量自身技術能力、量產時程、生產地點還有製程節點等因素，若要調整就需要花費大量的改動時間與成本。若是透過自研，要對緩衝器（Buffer）、電晶體（Transistor）等元件進行微調都不成問題，在設計上更加具備彈性。

（二）國際大廠投入自研晶片發展分析

觀察由科技大廠自研晶片設計的 CPU、AI、雲端晶片等大多是使用先進製程技術，歸納主要原因與這些晶片多是作為該產品中的「大腦」角色，為因應晶片供應商所設計的通用型晶片已無法完全滿足市場要求，以及配合市場發展所需要的高精準運算需求，在製程結構上採用更為精密與微小的設計，開發晶片的費用也隨著技術含量的增加而提高。進一步探討現下正著手進行自研晶片的廠商，包含 Google、Apple、華為等國際大廠，新創或中小型業者反倒是近乎缺席，剖析主要原因與先進製程的晶片開發費用非一般企業所能負荷有關，因此可以投入此一戰役的廠商亦將有限。

採用自製晶片的廠商所應用之產品本文將此分為兩類，包含端點的筆電產品，以及雲的產品包含伺服器，以下將分別從端點與雲產品的角度，進一步說明各應用領域切入市場的順序與合作對象等相關資訊。

1. 端點產品

(1) 筆電：品牌廠大多先於手機端累積設計經驗後，再逐步跨入筆電處理器的自製

觀察投入筆電自製晶片的廠商在自製晶片的產品開發策略可見，包含 Apple、Google 以及未來可能投入的 Samsung，在開發筆電處理器前，大多先跨入手機處理器的自製，在手機端累積一定經驗後，再將相關自製經驗拓展至筆電產品。

如此的開發順序可以分為幾種可能的面向因素進行分析，首先在市場面，筆電產業在 COVID-19 疫情前的市場成長較為趨緩，反觀手機產業則是面對競爭者越趨多元、中國大陸廠商更頻頻以低價產品線提升競爭力等情形。在市場越來越擁擠的情況下，手機廠商透過強化產品差異化開發新的藍海市場的迫切性越來越高，也因此，藉由將自家軟體優勢整合處理器的開發設計方式，成為不少廠商的因應作法。

就產品設計端而言，由於這些大廠在投入自製晶片時，多以 Arm 架構作為首選，而 Arm 架構低功耗、省電的競爭優勢在手機端的顯見程度較筆電產品更大，也因此讓科技大廠在投入自製處理器時，多以手機產品先試水溫，在累積一定程度的晶片設計能力後，再投入較著重性能表現的筆電產品，以更符合不同端點產品間的消費者體驗。

表 5-5　端點產品自研晶片盤點

自研晶片廠商	自研晶片應用產品 手機	自研晶片應用產品 平板	自研晶片應用產品 筆電	開發晶片功能 晶片名稱	開發晶片功能 晶片應用	預計推出時間	首款搭載產品
Google		V	V	未公告	CPU	2023 年	Pixelbook（Google Chromebook）
Google	V			Tensor SoC	CPU	2021 年 10 月	Pixel 6 以及 Pixel 6 Pro
Google	V			Titan 系列	安全晶片	2017 年 3 月	Pixel 3/XL（搭載 Titan M）
Apple			V	M1	CPU	2020 年	MacBook Air、MacBook Pro、Mac mini
Apple	V	V		A15	CPU	2021 年	iPhone 13 系列、iPad mini 6
華為			V	麒麟 990	CPU	2019 年	Matepad
華為	V			麒麟 9000 系列	CPU	2020 年	Mate 40 Pro
華為	V			麒麟 990	CPU	2019 年	Matepad

資料來源：各公司，資策會 MIC 經濟部 ITIS 研究團隊整理，2022 年 6 月

2. 雲產品

(1) 雲端服務商同時布局中央處理器與 AI 加速晶片，滿足越趨複雜的運算需求

雲端服務商自研晶片的重點應用產品，可以分成提供給中央處理器（CPU）以及作為 AI 加速晶片使用。在 CPU 方面，雲端服務商主要是希望能夠透過自研晶片，發展出符合資料中心運算

需求的晶片，並與伺服器代工廠合作，打造出符合自身在雲端服務、電商、社交平台工作負載的伺服器。在 AI 加速晶片方面，異構數據逐漸增多的時代，傳統的伺服器已不足以達成越趨複雜的運算需求，因此需要運算特化的 AI 加速晶片來協助。

如 AWS 發展強化機器學習推論晶片，藉此強化其提供的服務，讓客戶能夠使用機器學習的功能；Facebook 則是透過加速晶片來處理其最重要的收入來源，廣告媒合、推薦系統以及影片轉碼相關的數據；Google TPU 最早亦作為處理其搜尋引擎及關鍵字系統等的重要晶片，近年 Google 更是將 TPU 作為商品出售給需要搭載 AI 功能的伺服器品牌商。

就切入順序而言，在 CPU 方面以 Amazon 的進度最快，目前 Graviton2 已經於資料中心伺服器進行採用。Microsoft、Google 則仍在研發階段，並未公布產品的確切名稱。在 AI 加速晶片方面，Google TPU 已經做為商品出售，AWS 與 Facebook 則以自用為主。

(2) 多先由資料中心、伺服器產品切入，逐漸擴展至智慧音箱等端點產品

在過去智慧音箱等智慧物聯網（AIoT）產品，其語音辨識及資訊分析運作模式仍是將資料傳送到雲端伺服器進行推論，因此對於雲端服務商而言，僅需於資料中心內加強 AI 演算、機器學習的功能。此方法對於 AWS、百度等擁有智慧音箱的廠商而言，擁有成本較為低廉的優勢；然而當前全球網路攻擊層出不窮，智慧音箱等端點產品的資安問題成為關注重點。因此，將人工智慧晶片導入智慧音箱，促成產品可以直接於當地進行數據推論，可避免不必要之雲端資料傳輸，讓資訊能夠即時反饋並加強使用者個資保護成為趨勢。此外，雲端服務商亦開始注重端點 AI 晶片的研發，透過自製或與半導體代工廠進行合作，製作適用於智慧音箱的晶片。

(3) 美中廠商自研晶片布局目的不同，在應用範圍與廣度有所差異

美系廠商布局自研晶片的目的多為強化自身雲端服務之效率，然而中系廠商布局自研晶片的目的則更加多元。除了增強自身雲端服務之外，美中科技戰導致中國大陸要採購 x86 架構的 Intel 與 AMD 處理器可能會增添變數。其中較為關鍵的例子是華為因獲取 Intel 與 AMD 處理器出現困難，將要變賣 x86 架構伺服器的業務。因此不論華為的鯤鵬 920、阿里巴巴的倚天 710，其主要目的皆是希望透過較不受美國限制的 Arm 架構來開發中國大陸國產的處理器。

而在 AI 加速晶片方面，可以發現到中系廠商自製產品的適用範圍較美系廠商廣，當中崑崙芯 2 更是號稱橫跨雲、端、邊緣等多個應用場景。究其原因在市場生態的差異，美系廠商開發自研晶片多以自身為第一考量點，透過強化自身業務來提升競爭力；中系廠商則是在強化自身業務外，試圖開發出能夠進行販賣並適用於各個產業的晶片，藉此來符合整個中國大陸市場的需求。

表 5-6　雲產品自研晶片盤點

自研晶片廠商	自研晶片應用產品 智慧音箱	自研晶片應用產品 伺服器	開發晶片功能 晶片名稱	開發晶片功能 晶片應用	預計推出時間
Amazon		V	Graviton	採用 Arm 架構推出 EC2 A1 服務	2018 年推出
Amazon		V	Graviton 2	採用 Arm 架構推出多個執行個體服務	2020 年推出
Amazon	V	V	Inferentia	機器學習推論晶片	2019 年推出
Amazon	V		AZ1	神經邊緣處理器，通過本地處理語音命令，它將使 Echo 能夠更快地回答用戶問題	
Amazon		V	Trainium	機器學習推論	2021 年推出
Facebook	V	V	未公布	AI 推理和影片轉碼	未公布
Facebook		V	未公布	機器學習晶片，用於處理向用戶推薦內容等任務	未公布

自研晶片廠商	自研晶片應用產品		開發晶片功能		預計推出時間
	智慧音箱	伺服器	晶片名稱	晶片應用	
Microsoft	V	V	未公布	採 Arm 架構之處理器，將用於雲端服務 Azure 伺服器，及 PC Surface 系列機種	未公布
Google		V	Argos VPU	影像處理晶片	2021 年推出
	V	V	TPU	AI 晶片	2016 年推出
百度	V	V	崑崙芯 2	AI 晶片，適合雲端、邊緣運算，未來將應用於自動駕駛、智慧交通、智慧助手等多種場域	2021 年量產
華為		V	昇騰 910	AI 晶片	2019 年推出
		V	鯤鵬 920	採 Arm 架構之 CPU	2019 年推出
阿里巴巴		V	含光 800	高性能神經網路晶片，演算法專門為零售和物流等應用所設計，支援電商平台，也可用於用於雲端運算、視像辨識、自動駕駛等	2019 年推出
		V	倚天 710	採 Arm 架構之處理器，用於新一代雲原生架構及資料中心	2021 年推出

資料來源：各公司，資策會 MIC 經濟部 ITIS 研究團隊整理，2022 年 6 月

（三）後續觀察

1. 對筆電產業可能產生的影響

以筆電產業而言，筆電廠商發展自研晶片多以 Arm 架構這類開源的設計架構作為晶片開發基礎，透過 Arm 所提供的 CPU 或 GPU 晶片組加上自行設計的訂製 IC，以 SoC 方式進行生產，讓晶片的整合程度更高，性能表現更好。而近期 Apple 藉由 Arm 架構自行設計的 M1 系列筆電處理器，也因同時具備 Arm 架構低功耗的特性，以及藉由 Apple 在晶片設計的能力與台積電製程技術的加乘而使性能同步升高等優勢，使其獲得市場不錯的銷售回響，更帶動 Google、Samsung 甚至更多筆電廠商未來朝向自研晶片的方向發展。

如此一來，隨著採用 Arm 架構打造自研晶片的風氣越加盛行，未來不僅將使得過去稱霸筆電產品的 x86 架構市占率受到影響，Intel、AMD 甚至是高通等通用型筆電處理器的銷售也將可能有所趨緩，近期 Intel 發展 IDM 2.0 的晶圓代工模式，或許也是為了因應自研晶片的開發越趨多元的趨勢，而有這樣的策略採行。

2. 對伺服器產業可能產生的影響

對伺服器產業來說，雲端服務商主要採用 Arm 架構進行自研晶片的開發，儘管在短時間內仍是小量導入，未來將會影響到 x86 架構 Intel、AMD 處理器的市占率。而 Dell、HPE 等伺服器品牌商，因長期與 Intel、AMD 等處理器廠商合作，並且由於主要客戶群偏向企業端，在伺服器的規格需求上相較雲端服務商更加複雜，除了機架式伺服器外，仍須顧及塔式、刀鋒及多節點伺服器的產品線，因此在 Arm 架構的導入上會較為緩慢。

而對美系與中系廠商而言，未來在伺服器處理器的發展將會出現分化的趨勢。過去中系廠商多使用美系廠商的處理器，在受到限制的情形下投入大量國家資源另尋出路，開始自研處理器。中系廠商對於 Arm 架構的依賴度將持續提升，因此從 2020 年開始進行的 NVIDIA 收購 Arm 的交易案持續受到英國、歐盟及中國大陸三方監管機關的審查，若是 Arm 成為美國企業便須遵循美國的法令，將對中國大陸的自研晶片發展產生嚴重影響。

（四）結論

1. 自主研發設計晶片將減緩晶片供應商之產品限制，並可發揮更佳的服務品質

決議投入晶片自行研發設計的最大門檻，即是所需的經費龐大，然多家科技大廠卻願意相繼投入自研晶片的行列，而不是繼續向外部供應商合作的方式解決晶片的需求。歸納主要原因為科技大廠的自研晶片對其整體的產品開發工作進程與成本，甚至是服務上可望提供更完善的客製化服務。

進一步剖析筆電等端點產品與伺服器等雲產品在投入自研晶片上的異同可見,「晶片的交付時間與成本掌握」為端點產品與雲產品願意投入的主要原因。COVID-19疫情導致的全球晶片荒,加速了科技廠自研晶片的決心,大廠憑藉自身充足的研發能力與議價能力,自行設計晶片並直接向晶圓代工廠下單,相較僅能向晶片供應商拿取通用型晶片的競爭對手而言,擁有相對充足的產能優勢,並可更直接的掌握料況進度。

而在相異之處,「強化產品差異性」、「完善產品生態系發展」與「設計架構的支援」則屬於端點產品願意投入的原因,因為端點產品注重的是產品銷售數量,因此為了要獲得消費者認同,自研晶片勢必需要具有高度的整合度,提供完善的使用者體驗。以筆電產業來說,透過自行研發晶片可以有效整合自家產品的軟硬體設計,達到提升其產品本身性能表現的目標。因此筆電等端點產品透過採行開發自家的晶片配置於產品上,可望提高企業在該產業的競爭能力。

雲產品方面,則可藉自研晶片開發,達成「降低能耗並達到淨零碳排」與「加強所提供的雲端服務」,由於雲產品的開發是否有企業願意買單,主要取決於雲端服務內容,因此能夠提供獨特的服務與技術,以獲取企業的認同是主要關鍵。此外,雲產品因牽扯到雲端服務與資訊安全,在近年來地緣政治緊張的情勢下,美中兩大強國之間存在許多的不確定性因素,致使雲產品除了以提供更加豐富的服務內容為目標外,美中兩國的廠商也試圖發展各自國家產業適切的晶片開發,以符合該國產業的晶片需求。

2. 端點和雲均由晶片設計相對容易的產品先切入,後延伸至較複雜的產品布局

以端點產品的筆電來說,首先是由手機端切入來試水溫,待蒐集足夠的開發經驗值後,再踏入設計較為精密且複雜的筆電產品上。雲產品方面,豐富的雲端服務內容與高效率的運算能力是企業對雲產品的重點需求,由於人類對於大數據蒐集、數據運算或龐大存儲功能等需求日趨複雜,透過AI運算晶片強化其服務,為雲端服務商在自研晶片部署的重點。在資料大量蒐集與運算的過程中,資安問題也慢

慢浮出檯面，甚至是侵入至具有 AIOT 功能的智慧音箱中。觀察雲端服務商的解決辦法是藉由導入 AI 晶片，免除非必要的雲端資料傳輸，藉此提高資安的防護力道。

3. 自研晶片的盛行讓端點與雲產品供應體系合作模式有所改變

以筆電與伺服器產業投入自研晶片來說，均優先從 Arm 架構切入，最令人印象深刻的例子即是 Apple 於 2020 年秋季首次亮相的 M1 系列處理器新品導入 Mac 產品。由於 Arm 架構具備體積小與低功耗等特色，加上因為是透過自行設計 CPU SoC 中的架構，使得其效能有效提升，獲得市場不錯的反饋。

伺服器產業同樣是因為低功耗的優勢而選擇將自研晶片從 Arm 架構切入，雖然目前量仍不多，但市場反應良好，因此預期未來在伺服器產業投入自研晶片的道路上，依賴 Arm 架構的比例將持續增加。有鑑於此，以 x86 架構為首的 Intel 與 AMD 處理器市場占比勢必受到影響，長期來看，廠商投入自研晶片將越趨盛行，Intel 與 AMD 未來如何因應將是值得關注重點。

四、雲端服務供應商於資料中心布局動態觀測

全球雲端服務提供商之於雲端資料中心的布局，將進一步影響雲端設備與託管服務商的發展走向。AWS、Azure、GCP 三者對於雲端資料中心的認知，並非是單一型態的硬體設備，而是藉由各種網路連結、數據傳輸解決方案所構成的資料中心「體系」。觀測雲端資料中心發展動態，三者皆在全球各洲、各區域規劃「區域」（Regions）層級的資料中心；此外，與雲端資料中心有關的創新服務，也嘗試融入「邊緣運算」的架構，提出以「分散雲」（Distributed Cloud）為核心的解決方案；最終，在雲端資料中心有關的新興政策，也可以發現三個雲端服務提供商更加關注「資料在地化」、「永續發展」、「社群發展」等議題，這些都將為全球雲端運算產業帶來新興變化。

（一）雲端服務供應商於資料中心布局目標

1. 雲端服務供應商於資料中心議題重要性

雲端服務供應商意指提供雲端基礎建設、雲端平台以及雲端儲存與運算服務，給予相關商務需求企業之服務提供廠商。以全球為觀察構面，全球主要的雲端服務供應商有三－AWS、Azure、GCP。三者約占全球雲端市場的55%以上，具有相當高的影響力。

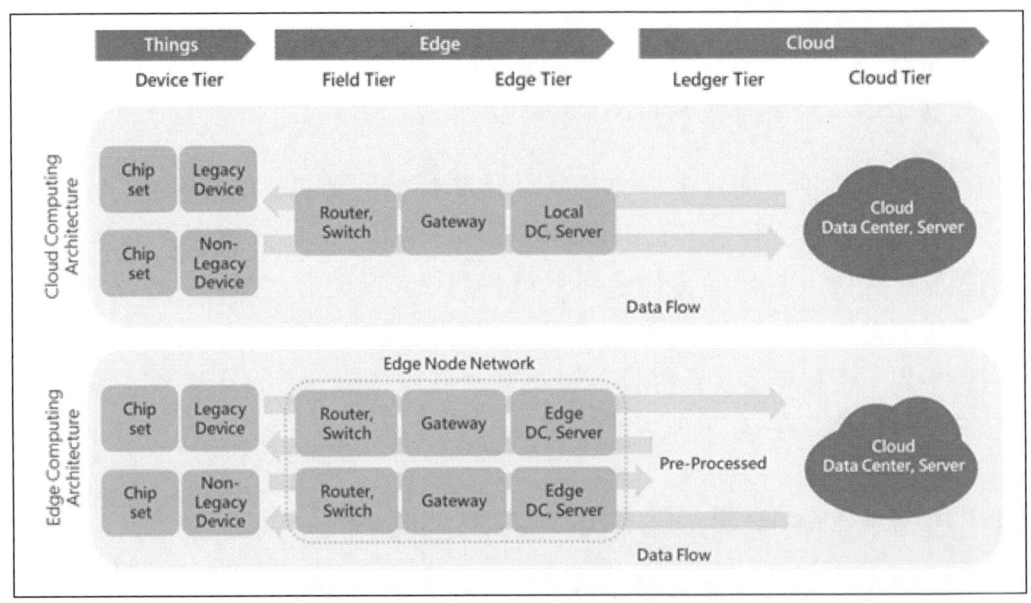

資料來源：資策會MIC經濟部ITIS研究團隊，2022年6月

圖5-3　雲端資料中心於聯網結構的分層位階

隨著聯網裝置（Connected Device）與數據的劇增，全球對於雲端服務的需求成長，也將連帶影響雲端服務供應商對於雲端資料中心（Cloud Datacenter）的布局目標與策略，相關動態也勢必牽引全球雲端基礎建設發展方向。對於產業的重要性有四：

(1) 歐盟（European Union, EU）「一般資料保護規則」（General Data Protection Regulation, GDPR）2018年5月生效，引起全球關於

「資料在地化政策」（Data Localization Policy）的討論，觀測相關布局，有助於觀察雲端服務商的因應策略。

(2) AWS、Azure、GCP 三者為雲端服務領先者，對於雲端資料中心的投資相對較早，但全球市場有如 Oracle 等後進者出現，三大勢必面對後進者挾帶新建硬體系統的優勢與競爭；觀測三者對於雲端資料中心的布局，有助於瞭解雲端服務市場變化。

(3) AWS、Azure、GCP 三者是全球雲端服務的提供者，也同樣是全球雲端資料中心等相關硬體系統、設備的投資者，三者對於雲端資料中心的布局方向將進一步牽引資料中心、伺服器、能源供應、光纖與網路等設備、組件的表現與規格變化。

(4) 雲端與邊緣運算（Edge Computing）兩者在運算架構差異，反映在雲端資料中心的定位；換言之，觀測雲端服務供應商對於雲端資料中心的布局動態，也有助於雲端運算服務供應商對於「邊緣運算」想法，及對於數據處理架構的設計原則。

藉由上述四點可以發現，雲端服務供應商對於雲端資料中心的布局動態，同時反映出政策管制、市場發展、設備規格、運算架構四項產業課題；並且將牽引全球雲端運算市場的未來發展境況。如以臺灣產業、企業的角度進行觀察，無論是作為雲端運算的服務需求者，或者作為雲端資料中心、伺服器、電源供應、網路通訊設備的供應者，都必須關注其可能的影響與變革，並且藉由動態評估未來的方向，提前進行策略布局。

其中，又以雲端資料中心與運算架構的產業議題最容易受到忽略，因為無論是傳統的雲端運算架構，或者強調將運算、儲存的位置朝臨場放置的邊緣運算，都將會視不同的應用情境，與雲端資料中心產生高度的分工與連結，因此，觀察雲端服務供應商對於雲端資料中心的布局，也可同步探知邊緣運算可能的發展路徑，並且描繪雲端、邊緣、終端所組成的「彈性化運算（Flexible Computing）」整體樣貌。

（二）雲端服務供應商於資料中心規劃與目標

表 5-7　雲端資料中心之服務區域屬性與定義

服務屬性	定義
全球區域（Geography）	全球區域，至少包含一個服務區域（Region），全球區域的離散程度與其範圍、尺度，與不同國家的資料在地化政策有關，可不屬於客戶需求的位置
區域（Regions）	區域，指涉在特定網路延遲率的定義之下，進行建置的一組，或者多組資料中心，一個區域多半包含幾組可用區域成為一個群集，確保資源使用的平衡
可用區域（Availability Zones）	可用區域，指涉區域之內的實體位置，每一個可用區域其下，皆配置有一個或多個獨立的電力供應、冷卻系統，也有以光纖網路串聯起的數個資料中心

資料來源：AWS（2021）「Choosing regions and availability zones」、Azure（2021）「Regions and Availability Zones in Azure」、GCP（2021）「Regions and zones」，資策會 MIC 經濟部 ITIS 研究團隊整理，2022 年 6 月

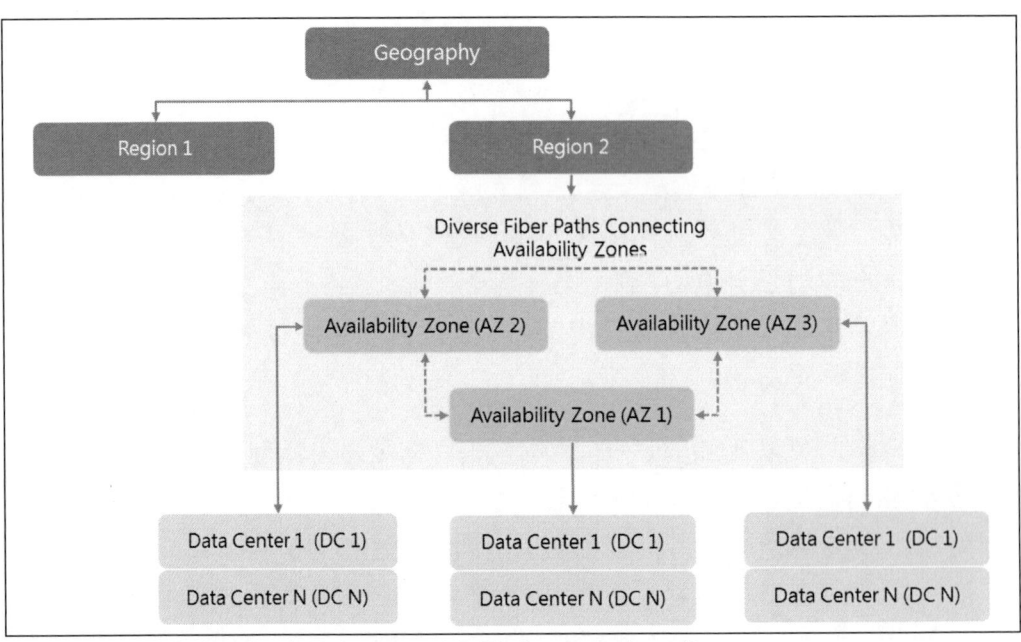

資料來源：資策會 MIC 經濟部 ITIS 研究團隊，2022 年 6 月

圖 5-4　雲端資料中心之地理與區域產品系譜

1. AWS

(1) AWS 雲端資料中心核心規劃

AWS 有關於雲端資料中心的規劃構想,主要涵蓋在 AWS「全球基礎建設」(Global Infrastructure)的發展藍圖之中,並且將雲端資料中心視為是 AWS 全球雲端基礎建設即服務(Cloud Computing Infrastructure as a Service)成為可能的要件。與其他雲端服務供應商相同,AWS 將雲端資料中心視為各類 AWS 雲端服務工作負載單元,而雲端資料中心的功能與布建的程度,將直接影響 AWS 雲端服務的擴展範圍。

同樣與雲端服務供應商相仿,AWS 有關於雲端資料中心的規劃指標,包含:已推出的區域(Region)數量、可用區域(Availability Zone, AZ)數量及服務國家總數等。值得留意的是,自 2020 年起,AWS 增加了 AWS Local Zones 、AWS Wavelength 區域數量指標,此一規劃特別鎖定在超低延遲應用程式的情境。

(2) AWS 雲端資料中心目標設定

AWS 對於雲端資料中心的目標設定,可歸結於六項:第一,安全性,確保雲端資料中心具有足夠的加密、遷移、管理資料的能力;第二,可用性,提供客戶高度穩定,由多個可用區域組成的高可用性網路;第三,高效能,在主幹網路以及區域網路間,提供高傳輸級別的容量,建構低延遲、低傳輸遺失率的品質;第四,可擴展性,提供可按客戶業務需求擴增、縮減的服務資源;第五,靈活性,客戶可以按照自身的需求,來選擇雲端工作負載的模式,甚至是雲端資料中心布建的地理位置;第六,遍及全球,擴大 AWS 雲端基礎建設的全球覆蓋範圍,客戶可以選擇與自己最鄰近的服務端點。

回顧 AWS 全球基礎建設與相關白皮書刊物,AWS 對於雲端資料中心的目標設定有:

- 因應大量數據傳輸（Datacom）的出現，必須持續擴增雲端資料中心建置數量，並且建造更為密集的區域、可用區域數量，並且增加不同區域之間的「連接點」。

- 雲端資料中心的傳輸，主要應用100GbE（Gigabit Ethernet）光纖建構主幹網路，主幹網路與區域間，則多半備載TB級的容量，藉此來提供客戶高可用性的服務。

- 低延遲率（Low Latency）的服務，除應用高速網路模組之外，也藉由與電信服務供應商策略合作，在鄰近使用者與數據生成點，建立Wavelength低延遲服務。

2. Azure

(1) Azure雲端資料中心核心規劃

Azure有關於雲端資料中心的規劃構想，主要收納在Azure「全球基礎結構」的發展藍圖之中，而所謂的全球基礎結構包括兩個部分，一個是「實體基礎結構」，另一個則是「連線網路元件」，而雲端資料中心則是 Azure 服務得以成形的實體基礎結構。解析Azure「全球基礎結構」的規劃，Azure 也同樣嘗試擴張雲端資料中心基礎結構的數量，並且期望將所有的雲端資料中心串聯起來，形成全球最大的資訊設備網絡。

Azure有關於雲端資料中心的規劃指標，包括：Azure 地理位置、已推出的區域數量、可用區域數量、服務國家總數等。特別之處是，相較AWS、GCP而言，Azure 對於雲端資料中心的規劃指標之中，加入了「資料落地」與資料「法規遵循」項目，指出Azure每一個地理位置不僅包含一個或多的區域，而且也符合不同國家的資料法規。

(2) Azure雲端資料中心目標設定

Azure對於雲端資料中心的目標設定，可歸結於四項：第一，可信任，應用實體的、軟體的安全性技術，建在實體資料中心、其他硬體基礎結構與作業系統（Operating System, OS）之間打造高

安全性的雲端環境；第二，可用性，包括虛擬機器的復原、資料嚴重損毀與備份、備用電源、冷卻系統、高可用網路系統等，降低客戶資料遺失或損壞的風險；第三，永續性，包括在 2025 年完全使用再生能源（Renewable Energy）、2030 年達「水資源順差」、2030 年達「零廢棄」；第四，前瞻性，包括海底資料中心、開放運算計畫等。

回顧 Azure 全球基礎結構與相關產品藍圖，Azure 對於雲端資料中心的目標設定有：

- 因應大量數據傳輸的出現，必須持續擴增雲端資料中心建置數量，並且應用光纖、廣域網路（WAN）、POP（Point-of-Presence）網絡服務提供點來建構網路。

- 遵循資料落地之法律規範，以及按照客戶所處的區域位置、資料運算與儲存需求，將雲端應用程式部署在客戶鄰近的位置，並且提供不同的定價與服務提供方案。

- 在雲端資料中心營運效能與環境永續發展之間尋求平衡，並且分別於 2025 年、2030 年設定雲端資料中心分別在：能源、水資源、廢棄物處理的永續發展目標。

3. GCP

(1) GCP 雲端資料中心核心規劃

GCP 有關於雲端資料中心的規劃構想，可於 GCP「基礎架構」之中窺見。在多數的情況之下，GCP 將雲端資料中心等同於 GCP 的「據點」（Location），當此一據點的數量愈多，也就意味著 GCP 的雲端服務的擴展範圍愈廣大。與 AWS、Azure 相同，GCP 對於雲端資料中心的規劃，皆以資料中心的整體網路來思考，不同區域的雲端資料中心，主要應用海底電纜來進行鏈結，而且盡可能針對全球不同的客戶提供服務。

GCP 有關於雲端資料中心的規劃指標，包括：已推出的區域數量、可用區域數量、網路邊緣位置（Network Edge Location）、服

務國家總數等。其中，網路邊緣位置是 GCP 與 AWS、Azure 最不同的規劃指標，主要以網際網路服務提供商（Internet Service Provider, ISP）為客戶，在邊緣位置提供水平層級的資料傳輸與快取功能。

(2) GCP 雲端資料中心目標設定

GCP 對於雲端資料中心的目標設定，可歸結於三項：第一，可用性，提供能夠符合客戶多元化需求的穩定基礎建設，此一基礎架構是由多個區域、可用區域、服務據點以及網路纜線共同組成，大量應用軟體定義網路（Software-Defined Networking, SDN）來強化整體架構的彈性化，以據此來提供低延遲率的雲端運算與儲存服務；第二，安全性，建構多層式安全防護機制，其中包含「備援」與「容錯」能力，並且嚴格限制資料中心人員的進出管制；第三，符合最佳化的能源、資源使用效率，維持資料中心最佳化效能的同時，盡可能達到能源與資源的節約，以符合永續的發展原則。

回顧 GCP 全球基礎架構與相關技術出版品，GCP 對於雲端資料中心的目標設定有：

- 因應大量數據傳輸（Datacom）的出現，在美洲、歐洲、亞洲太平洋增建更多的雲端資料中心，除了特定區域之外，也提供多區域型態的雲端資料中心基礎架構。

- 區域、可用區域等不同層級間，大量應用軟體定義網路技術來建構整體傳輸體系，此舉，可以協助客戶建立一個彈性化、可擴充的服務體系，來調節其服務的規模。

- 除了區域、可用區域間，也針對網際網路服務提供商提供「網路邊緣位置」服務，除了採用邊緣運算，達到低延遲率服務，也協助客戶建構水平互聯的應用情境。

（三）雲端服務供應商於資料中心之布局動態

1. AWS

(1) AWS 雲端資料中心全球擴展

回顧 AWS 於 2020 年的雲端資料中心擴展動態，AWS 宣布分別將會在印度、南非、義大利、日本、紐西蘭、瑞士等國家，提出設置新的「區域」雲端資料中心之計畫。

從 AWS 設置規劃來觀察，AWS 雲端資料中心的全球擴展可分為三種類型：第一，設置專用於當地國家用戶的雲端資料中心，比如日本大阪、瑞士，紐西蘭，AWS 於這些國家設置新的資料中心，主要考量除了因應當地日益增加的數據量之外，另一個則是呼應當地的資料在地化政策；第二，服務鄰近該國的其他國家，協助 AWS 開拓新的服務區域，比如義大利米蘭之於南歐區域，與南非開普敦之於南非區域；第三，受該國地方政府吸引，所推動的大型產業投資計畫，比如印度即是此一類型的案例。

(2) AWS 雲端資料中心創新服務

觀察 AWS 於 2020 年有關於「全球基礎建設」與雲端資料中心所關注的創新服務，可歸結為兩項：第一，5G 網路邊緣所用的 Wavelength；第二，完全管理式的運算與儲存機櫃 Outposts。上述兩者皆是在 2019 年 Q4 的 AWS re:Invent 大會中提出，2020 年 AWS 則在不同區域加快進行試驗、販售。無論是 Wavelength、Outposts 都接受不可能將所有在地端產生的數據傳輸至雲端的假設，而兩者可被視為 AWS 雲端基礎建設朝向邊緣運算、無所不在運算（Ubiquitous Computing）轉化的顯現。

- Wavelength：Wavelength 是一種將 AWS 的運算和儲存服務，鑲嵌在電信服務提供商所營運的 5G 網路邊緣。而執行此項服務的 5G 網路邊緣，能「無縫」取用該區域資料中心設有的部分 AWS 服務，且無須離開電信網路即可執行應用程式。所謂的「無縫」意味僅有幾毫秒（Millisecond, ms）延遲率，包括即時影音串流、邊緣運算機械學習、沉浸式互動裝置體驗

等都是 Wavelength 的適用情境。時至 2021 年 3 月止，Wavelength 可在美國、日本東京與大阪、韓國大田進行使用。

- Outposts：Outposts 是一種整合運算、儲存與資料庫資源的管理機櫃，並未鎖定特定的客戶類型，甚至是中小企業（Small and Medium Business, SMBs）皆是鎖定的客戶對象，強調可以在實體或虛擬本機之上，取用、執行該區域資料中心設有的各種 AWS 服務。在 2020 年 AWS re:Invent 大會之後，Outposts 發展出兩種服務型態，一種是「雲原生」（Cloud Native 型態），另一種是 AWS Outposts 結合 VMware 組合型態，後者也意味著 AWS 接納「混合雲」的服務設計思維。

(3) AWS 雲端資料中心新興政策

AWS 在「全球基礎建設」報告之中，除了與雲端資料中心直接相關的政策之外，AWS 也另外提出「永續發展」、「社群參與」政策。兩項政策可視為企業社會責任環節。

- 永續發展：AWS 永續發展政策，牽涉資料中心等硬體設備的電力供應系統，以及延伸出的冷卻系統等議題。AWS 指出在 2018 年時，資料中心已有 50%以上的電力供應來自於再生能源，雖然並未明確指出實現年份，但其政策之中已提到計畫讓 AWS 所有的資料中心的電力供應系統，皆須源自於再生能源。除了電力等能源供應系統之外，AWS 也嘗試降低伺服器供電需求，以及使用伺服器產生的碳排放。

- 社群參與：AWS 的社群參與政策，主要延伸自 AWS 的 InCommunities 計畫，該計畫有四個發展主軸：非營利組織合作、雇用與發展本地人才、永續性發展、與社區大使。這些發展主軸的目標皆圍繞在讓 AWS 可以進一步鑲嵌在資料中心建置的社區、社群之中，開展友善的社區關係。2020 年之後，有諸多的案例皆與本地人才的教育與培訓，以及人才應用有關，期望藉此降低 AWS 與社區之間的斷層。

2. Azure

(1) Azure 雲端資料中心全球擴展

回顧 Azure 於 2020 年的雲端資料中心擴展動態，Azure 宣布預計在以色列、印尼、紐西蘭、丹麥、希臘、臺灣等國家，提出設置新的「區域」雲端資料中心計畫。

從 Azure 設置規劃來觀察，Azure 雲端資料中心的全球擴展可分為兩種類型：第一，設置專用於當地國家用戶的雲端資料中心，比如以色列、紐西蘭、丹麥、臺灣，這些國家之中，有愈來愈多的 Azure 用戶，因此必須藉由資料中心的新建計畫，來提供 Office 365、Dynamics 365 等服務；第二，受該國地方政府吸引，推動的大型產業與人才投資計畫，如印尼、馬來西亞、希臘，這些計畫案例，多半隱含藉由 Azure 的投資新建，來挹注相關硬體基礎建設、人力培訓資源、勞動就業機會予當地社區。

(2) Azure 雲端資料中心創新服務

觀察 Azure 於 2020 年有關於「全球基礎結構」與雲端資料中心所關注的創新服務，可歸結為兩項：第一，適用於極端環境的模組化資料中心（Modular Datacenter, MDC），此種模組化的資料中心擁有如貨櫃的外型，可以彈性化建置在偏遠、缺乏網路基礎建設的環境，也因此提供衛星通訊選項；第二，設置於海底的水下資料中心（Subsea Datacenter）。從上述兩者 Azure 所提出的創新服務來分析，Azure 嘗試針對缺乏電力與通訊基礎建設的環境，建構全面、無所不在運算的雲端資料中心服務。

- MDC：MDC 是一種可以按客戶所處環境、場域彈性化配置的資料中心，客戶可以藉由該資料中心取用該區域資料中心的部分 Azure 服務。由於具有獨立的電源、冷卻、網路連結系統，因此，MDC 可以允許在未連結到區域資料中心的情境之下，也能夠執行部分的 Azure 的服務，除此之外，MDC 也提供軟體定義網路等方案，客戶能夠藉此在水平（Flat）的層級連結兩個以上的 MDC，形成微型的資料中心區域，適

用於地處於偏遠、缺乏基礎建設，與資料分散化於不同地理區域的客戶。

- Subsea DC：Subsea DC 是 Azure 在 2015 年所提出的水下資料中心建置構想，2018 年時 Azure 在蘇格蘭海域實際動「Project Natick」計畫，該計畫經過兩年的測試之後，2020 年 9 月份已完成可靠性、能源節約的概念驗證。按 Azure 於「全球基礎結構」的說法，由於全球多數人口集中於濱海地區，因此，Subsea DC 如試驗可行，則可以大量建置於臨海提供即時性的運算服務，此外，Subsea DC 可以降低對土地空間的需求，也可以應用波浪能轉換技術來取得電源。

(3) Azure 雲端資料中心新興政策

Azure 在「全球基礎結構」報告之中，除了與雲端資料中心直接相關的政策之外，Azure 提出「資料落地」、「社群發展」政策，其中又以資料落地的發展最為成熟。

- 資料落地：Azure 的資料落地政策，也被稱為「數據本地化規範」，Azure 提出的此一政策主要是用以呼應歐盟的「一般資料保護規則」對於個人資料保護擴及到跨境傳輸規範。當雲端服務提供商為客戶提供運算、儲存資源，而涉及個人或者組織數據的傳輸、交換、共享、轉包之時，雲端服務供應商與其供應商都有義務遵守數據保護的規範，甚至有義務向客戶說明資料的儲存地點，以及備份的方式。

- 社群發展：Azure 的社群參與政策，主要期望在雲端資料中心與雲端資料中心建置的地方、社區間，建立符合經濟、社會與環境效益的合作關係。在此一政策中，Azure 編列社群培力基金，與非營利組織共同針對地方問題，進行前瞻性的提案，如地方網路基礎建設、人員就業、廢棄工業空間再造、環境永續性皆是社群參與政策關注的主題。2020 年 Azure 於印尼、馬來西亞的規劃，便是此一政策的案例。

3. GCP

(1) GCP 雲端資料中心全球擴展

回顧 GCP 於 2020 年的雲端資料中心擴展動態，GCP 宣布將在荷蘭、印度、義大利、印尼、新加坡、臺灣、芬蘭、丹麥等國家，提出新的「區域」雲端資料中心計畫。

從 GCP 設置規劃來觀察，GCP 雲端資料中心的全球擴展可以分為兩種類型：第一，第一，設置專用於當地國家用戶的雲端資料中心，比如美國、澳洲、加拿大、印尼、臺灣等；第二，服務鄰近該國的其他國家，協助 GCP 可以拓展到鄰近的地理區域，比如荷蘭、新加坡、卡達、義大利等，這些國家多半在該地理區域之中，扮演中心化「節點」（Hub）的角色，也正因為這樣的地理特徵與優勢，GCP 在這些國家建置的計畫，其在整體的資料中心階層也較高，甚至統合一個全球區域（Geography）。

(2) GCP 雲端資料中心創新服務

觀察 GCP 於 2020 年有關於「基礎架構」說明與雲端資料中心所關注的創新服務，可歸結為兩項：第一，在部分有大量數據生成的城市區域，提出「網路邊緣位置」（Network Edge Locations）的虛擬私有雲服務；第二，優化 Anthos 託管形式的應用程序平台。從上述兩者 GCP 提出或優化的創新服務進行分析，可以發現 GCP 將服務關注的焦點從公有雲（Public Cloud）轉向到對私有雲（Private Cloud）服務，除了加快各種服務交付到終端客戶的時間之外，也嘗試強化本地雲端環境的建構。

- Network Edge Locations：Network Edge Locations 是一種相對於中心化架構的傳輸網路與連結方案，其核心方法是在部分具有大量數據傳輸需求的城市增加 POP 網絡服務提供點；藉由大量入網點、服務提供點的網路，來降低網路延遲率，並提升對於大量數據流量事件的應對能力。比如圖像、影像的內容傳遞網路（Content Delivery Network, CDN）便是

Network Edge Locations 適用情境，至 2021 年 3 月止 GCP 已在全球 142 個城市提供 Network Edge Locations 服務。

- Anthos：Anthos 是一種將雲端的部分應用程式，統合放置於本地環境進行託管的平台服務，其主要的特徵是可以使用 Kubernetes 建構「容器化」（Container）的應用程式集群（Cluster）。對於客戶而言，採用 Anthos 可以本地伺服器執行這些應用程式集群，採用這種方法，相對採用傳統的雲端運算架構，擁有較低的網路延遲率之外，也可更加符合客戶本身的資訊安全與數據政策（Data Policy），此外，Anthos 特別強調平台化的特性，也意味著能夠支援混合雲、多重雲的環境。

(3) GCP 雲端資料中心新興政策

GCP 在「基礎結構」報告以及相關的白皮書之中，除了與雲端資料中心直接相關的政策之外，GCP 也提出「永續發展」、「開放雲」政策，其中，又以後者較為獨特。

- 永續發展：GCP 的永續發展政策，主要在於降低雲端資料中心等基礎建設對環境的衝擊與影響。其作法包括提高資源重複使用的效率，以及應用再生能源、設計更具智慧化並且高效率的雲端資料中心。其中在智慧化、高效率的雲端資料中心，主要延伸至「碳智慧運算」主要是採用機械學習，找出最佳化的電源轉化與冷卻系統表現，這部分則涉及到雲端資料中心的硬體、軟體、網路通訊的最佳化設計。

- 開放雲：GCP 的開放雲（Open Cloud）政策，主要參考開源軟體（Open Source Software, OSS）、開放原始碼之精神，並且致力於增加 GCP 的「開放化程度」。所謂的開放化程度，參照 GCP 的定義，主要意指應用程式轉移的便利性，GCP 會將開放雲視為內部政策，主要的考量有二：首先，開放化的雲端環境，有助於 GCP 取得開發者的經驗反饋，其次，也可以促進不同的應用程式都可與 GCP 相連結。

（四）雲端服務供應商於資料中心之布局比較

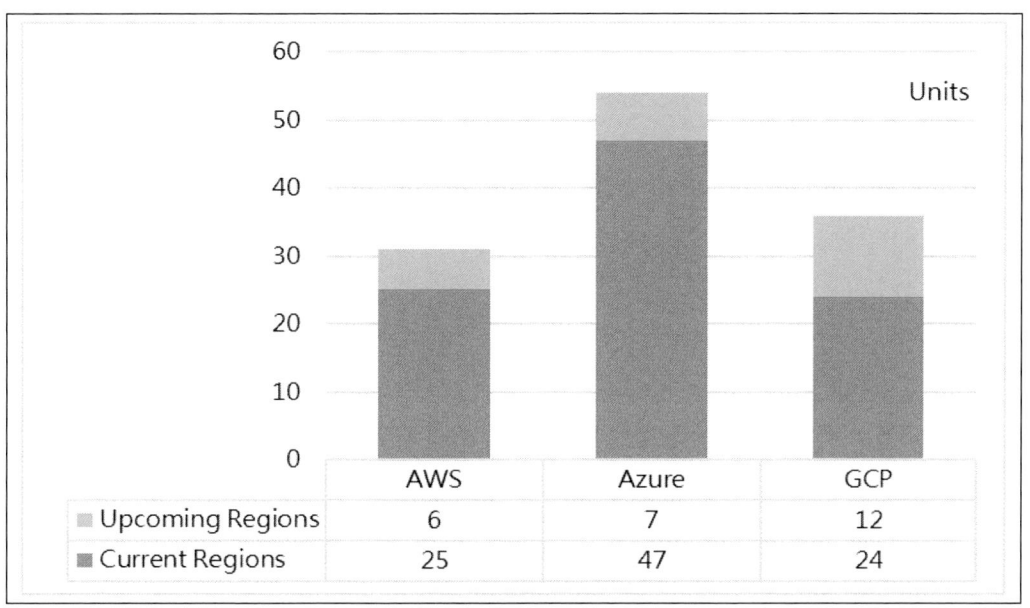

1. AWS、Azure、GCP 全球擴展比較

	AWS	Azure	GCP
Upcoming Regions	6	7	12
Current Regions	25	47	24

資料來源：資策會 MIC 經濟部 ITIS 研究團隊，2022 年 6 月

圖 5-5　雲端服務供應商新區域資料中心規劃

　　比較 AWS、Azure、GCP 於全球雲端資料中心的布局境況，三者對於雲端資料中心的產品定義，皆是以整體「雲端基礎建設」或「雲端基礎架構」的功能與角色來看待；而所謂的雲端資料中心，至少包含了地理、區域、可用區域三個階層的雲端資料中心之外，也包含如邊緣運算資料中心、模組化資料中心等微型化的雲端資料中心型態。換言之 AWS、Azure、GCP 三者對於雲端資料中心的定義，並非單一型態硬體設備，而更像是應用各種類型的網路連結、數據傳輸解決方案所構成的「資料中心體系」。

　　藉由上述的角度來觀察，雲端服務供應商追求的目標與方向，除了在全球各洲、各國規劃更多新建雲端資料中心單元之外，更像是追求資料中心整體結構、體系的擴張。值得留意的是，「區域」層級的資料中心就是 AWS、Azure、GCP 擴張此一結構的戰略標的，當「區

域」層級的資料中心愈多，也就意味著雲端服務供應商可以更易於在該國提供更穩定、多元、平衡的雲端運算服務；如果在一個特定地理區域、國家的「區域」層級的資料中心愈多，也就意味著該地有較大量的數據與運算服務之需求。

　　細部比較 AWS、Azure、GCP 於「區域」層級資料中心布局數量，至 2020 年 12 月，AWS 共有 25 座區域資料中心、Azure 共有 47 座、GCP 共有 24 座（參見表 5-8），Azure 是三者之中，擁有最多區域層級資料中心的雲端服務提供商，不過，若比較 2020 年宣布預計新建的區域層級資料中心，AWS 共有 6 座、Azure 有 7 座、GCP 有 12 座；GCP 是三個雲端服務供應商之中，規劃最多新建區域層級資料中心的業者，其中，GCP 所有預計新建的區域層級資料中心，多數規劃建置在美國與亞洲太平洋地區，預計在 2021 年之後，GCP 區域層級資料中心數量，將超過 AWS 成為第二位。

2. AWS、Azure、GCP 創新服務比較

表 5-8　雲端服務提供商於資料中心布局比較

服務屬性／企業	AWS	Azure	GCP
區域數量	25	47	24
可用區域數量	77	♯	73
主要運算服務	EC2	VM	Compute Engine
主要儲存服務	S3	Azure Blob	Cloud Storage
主要計費方式	執行個體，並以秒計費	執行個體，並以秒計費	執行個體，並以秒計費
創新服務方案（邊緣運算方案）	Wavelength Outposts	Modular Datacenter Subsea DC	Network Edge Anthos
新興發展政策（計畫發展方針）	永續發展 社群參與	資料落地 社群發展	永續發展 開放雲

資料來源：資策會 MIC 經濟部 ITIS 研究團隊，2022 年 6 月

比較 AWS、Azure、GCP 所提出的創新服務、解決方案，三者的創新服務方案皆有朝向「分散化」（Distribution）、「微型化」特徵。所謂「分散化」，即意味著將原本放置於雲端資料中心的各類型應用程式、微服務，進一步向下擴展到「可用區域」層級的資料中心，或者是更接近地端、臨場的微型資料中心（Micro Datacenter）。而所謂的「微型化」的內涵則與分散化的發展相輔，不過，微型化是以客戶臨場布建的條件為核心考量，比如缺乏電力與通訊基礎建設、缺乏建置大型資料中心的空間等。

依循雲端服務供應商所提出的創新服務，具有「分散化」、「微型化」特徵的觀察，也可以認知到，雲端服務提供商已然融合了「邊緣運算」的基礎思維，嘗試藉由運算、儲存資源的下放，比如「分散雲」（Distributed Cloud）、「容器化」就是依循此基礎思維建立的創新服務。除了運算、儲存資源的下放之外，AWS、Azure、GCP 也十分強調藉由軟體定義網路、虛擬機器等技術，來優化「水平層級」的資源分享，此舉，能緩解單一資料中心單元運算效能有限的問題之外，也可穩定整體設備網絡。

細部比較 AWS、Azure、GCP 所提出的雲端運算相關創新服務，AWS 在 2020 年，特別強化 Wavelength、Outposts 兩項服務，前者直接鎖定 5G 網路邊緣應用情境，後者則鎖定於一般商務 IT 應用情境，兩項服務皆直接對應分散雲的服務應用；Azure 在 2020 年提出的 MDC 的創新服務，MDC 特別強調可模組化、彈性化部署的特性，更加適應於偏遠的特殊應用情境；而相對於 AWS、Azure 而言，GCP 關注的是新型網路通訊結構的應用，比如 Network Edge 強調提供更多 POP 網絡服務提供點，以因應圖像內容傳輸的需求。從上述來觀察，已不難發現三者關注的應用情境已有差異。

3. AWS、Azure、GCP 新興政策比較

比較 AWS、Azure、GCP 提出有關於雲端服務資料中心、全球基礎結構的新興政策，不難發現三者都嘗試解決雲端資料中心建置、營運過程，所可能產生的負面衝擊以及影響，相關新興政策都多少具備社會企業責任（Corporate Social Responsibility, CSR）或是環境、社會

和企業治理（Environmental, Social, Governance, ESG）的內涵，最直接的例證是，比如 AWS、GCP 在「全球基礎建設」的說明之中，便保留相當多的篇幅解釋雲端資料中心的建置，能夠符合資源、能源「永續發展」的目標。

除了永續發展之外，「社群參與」是另一項雲端服務提供商皆關注的新興政策，不過，AWS、Azure 是以資料中心建置的「實體社區」為參與的對象，比如協助當地社區建置網路、電力等硬體基礎建設，或是為社區居民提供就業機會等；相較之下，GCP 則較為關注在「虛擬社群」的參與，比如參照開放原始碼等觀點，提供開放化的平台供軟體開發人員進行使用，再進一步藉由這些開發人員的回饋，來優化本身的環境。藉由上述比較，能夠發現 AWS、Azure、GCP 對於「社群」關注的主體不甚相同。

值得一提的是，Azure 特別針對「資料落地」的政策，進行更為細緻地描繪，Azure 明確指出其所提出的資料落地政策，主要是用以回應歐盟的「一般資料保護規則」與其他國家法規對於資料保護與屬地性的規範；此一政策，也間接成為雲端服務供應商在全球大範圍建置「區域」層級資料中心的因素。除了 Azure 之外，AWS、GCP 也在散落的產品介紹、說明中提出類似的論述，不過，多半是與「資料安全」相互扣合。綜合觀察，「資料落地」在未來預期成為牽引雲端資料中心部署、擴張的關鍵因素。

（五）雲端服務供應商於資料中心關鍵議題

嘗試彙整 AWS、Azure、GCP 三大雲端服務提供商之於雲端資料中心的發展目標與規劃，並且彙整、比較相關發展動態之後，共有四個關鍵議題，值得臺灣相關業者，尤其是雲端資料中心設備供應商（Equipment Provider）以及雲端託管服務提供商（Colocation Service Providers）動態觀測，將有助於進行產品與服務的前瞻布局。

第五章　焦點議題探討

1. 關鍵議題一：資料在地化與數據處理的屬地主義

2018 年 5 月歐盟（European Union, EU）的「一般資料保護規則」生效之後，對於雲端服務提供商的資料中心建置，以及數據應用造成了直接的衝擊，具體的影響有：

(1) 部分國家針對「數據在地化」提出規範，在最為嚴格的法律規範情境之下，雲端服務提供商提供的數據儲存單元，必須建置在當地國家，而且必須揭露資料儲存位置與儲存模式；區域層級的雲端資料中心的規劃數量，也預期將持續增加。

(2) 雲端服務提供商受到資料在地化政策影響，承接 AWS、Azure、GCP 雲端服務的在地雲端託管服務提供商，也預期會受到雲端服務提供商的要求的影響，除了對具有「屬地主義」特質的數據規範法規進行掌握之外，也必須具備「數據管理」（Data Management）或者「數據治理」（Data Governance）的能力，比如資料視覺化（Data Visualization）與可解釋數據處理等技術可能成為要件。

2. 關鍵議題二：新建雲端資料中心設備與系統需求

AWS、Azure、GCP 將藉由雲端資料中心，擴展其全球基礎架構的網路，加上市場持續有新的後進者出現，對於雲端資料中心規劃、新建需求仍強烈，具體的影響有：

(1) AWS、Azure、GCP 預期將在全球各區域持續增加雲端資料中心的數量，此一發展趨勢將持續推升設備之零組件與代工的需求，其中包括伺服器處理器、儲存設備、光纖模組、網路交換器、印刷電路板（Printed Circuit Board, PCB）、散熱模組、電源與冷卻系統、組裝代工預期將會受益。不過，仍然必須留意全球雲端服務提供商的資料中心規格「升級」表現，將可能改變零組件與組裝之需求。

(2) 雲端服務提供商對於資料中心規劃，已轉向建構整體網路的思考，連帶產生位處同一階層的資料中心傳輸相互需求增加，或需要針對資源進行彈性化配置；預期虛擬化（Virtualization）、軟體定義網路將成為新建資料中心的必要技術。

3. 關鍵議題三：資料中心新興能源、資源技術應用

雲端資料中電源供應，以及冷卻系統的水資源的耗費問題，是受到廣泛關注的議題，不過，AWS、Azure、GCP陸續提出永續發展政策與節約發展目標，具體的影響有：

(1) Azure對於資料中心發展，提出2025年「完全使用再生能源」的發展目標，AWS、GCP雖然未設定明確的量化指標，但也預期會將「再生能源使用比例」、「能源轉換效率」等指標，設定成為各地承接雲端託管服務提供商的需求規格，這不僅會對於雲端託管服務商會造成影響，也預期會對於設備供應商帶來變化，比如伺服器處理器、儲存設備、網路交換器等硬體設備的「能源使用效率」等，也預期成為組裝代工選擇零組件、模組、系統的供應鏈產品的評估與選擇指標。

(2) 除了能源節約，Azure也提出在2030年達到「水資源順差」與「零廢棄」的目標，這部分也將反映出雲端資料中心對於新型態「冷卻系統」的新建與更新需求，這也同樣將成為雲端服務提供商，評估設備供應與託管服務商的評估指標。

4. 關鍵議題四：分散、水平與微型化運算架構演化

「分散雲」的概念，將持續主導雲端服務提供商創新服務的發展方向，從運算負載與分配的角度來看，這也意味著雲端服務提供商整合邊緣運算架構，具體的影響有：

(1) 依循分散雲的發展概念，意味著將雲端資料中心所擁有的應用程式與服務，藉由容器化等技術，以「微服務」（Micro-services）

模式，放置到更為接近現場的設備，以達到低網路延遲率、數據即時分析的效果；除了容器化、微服務之外，如何在水平、分散化的設備之間建構「數據同步化」，也成為新興的技術課題。

(2) 除了軟體技術層面的需求之外，同樣依循分散雲的發展概念，分散化的設備部署與應用情境，對於資料中心的組裝規格，也會帶來兩個層面的影響，首先，整體機櫃將會朝向「微型化」發展，這也意味著內部硬體與系統有重新設計需求，其次，資料中心可能部署在嚴苛環境，制震動、耐高溫等機櫃設計需求也將浮現。

（六）雲端服務供應商建造資料中心，對於資訊硬體產業的影響

1. 資料中心帶動伺服器需求，促使產業持續蓬勃發展

2021 年受 COVID-19 疫情影響，全球遠距上班與雲端服務量提升，促使美國 AWS、Microsoft、Google 等雲端服務商興建資料中心。雲端服務商主導來建造的超大型資料中心（Hyperscale Data Center）成為全球伺服器市場成長的驅動力，雲端服務商不斷提升資本支出（Capex）並且提出資料中心建置計畫。

此外，在雲端服務商對於資料中心算力需求遽增加下，對於如 Intel、AMD 及 NVIDIA 等伺服器處理器廠商而言，需要透過不斷擴增產品線並推出客製化服務，來協助客戶針對不同應用場景或服務進行特化，進而帶動伺服器相關零組件的發展。

2. 資料中心液冷散熱興起，促成資訊硬體散熱零組件需求上升

雲端服務商作為資料中心主要的建造者，如何節省資料中心能源的使用並降低碳排，成為關鍵。除此之外，隨著伺服器處理器的功耗不斷上升，使得傳統氣冷散熱方式不足以應付，各大廠積極研發，希望透過更具備能源效率的方式進行散熱，進而促成液冷散熱解決方案的逐漸興起，透過更具備能源效率的方式進行散熱。

對於資料中心而言，如何有效地提升冷卻效率一直是達成節能的重要議題。在高效能運算、超級電腦以及 AI 運算的趨勢下，處理

器持續追求運算效能的提升。在資料中心液冷市場前景可期的情形下，帶動我國伺服器散熱廠商與伺服器代工廠研發伺服器液冷相關之解決方案。

第六章 未來展望

一、全球資訊硬體市場展望

(一) 全球資訊硬體市場未來展望總論

IMF 於 2022 年 4 月發布的〈世界經濟展望〉(World Economic Outlook)中指出,2022 年全球經濟將受到俄烏戰爭的影響而顯著放緩,並將加速通貨膨脹使大宗商品價格飆升。其他還有貨幣緊縮政策與金融市場波動、中國大陸封控、各國疫苗施打與共存政策等影響因素。在這些變數之下,2022 年全球經濟成長率預估下調 0.8%至 3.6%,2023 年則下調 0.2%至 3.6%。個別國家方面,預估美國 2022 年與 2023 年的經濟成長率為 3.7%及 2.3%;歐元區則是 2.9%及 2.5%;中國大陸 2022 年成長率可高達 4.4%、2023 年則為 5.1%;日本則為 2.4%及 2.3%。

值得注意的是,在歐元區因最接近俄烏戰爭發生地,2022 年經濟成長率下調 1.1%,對於資訊硬體產品而言,將會影響桌機、筆電及平板電腦等消費性電子產品於當地的銷量。另一值得關注的為中國大陸,經濟成長率由 2021 年的 8.1%降低至 2022 年預估的 4.4%。中國大陸的清零政策與封城措施,對於當地的生產、關鍵零組件以及消費市場均會造成影響,成為資訊硬體產業需持續關注的風險。

(二) 全球資訊硬體個別市場未來展望

1. 全球桌上型電腦市場未來展望

展望未來,2022 年全球桌上型電腦市場出貨約 79,836 千台,相較去年衰退 2.7%。主要原因是經過 2021 年市場需求回升之後,2022 年商用市場的換機需求,不若 2021 年強勁,加上 2022 年上半年總體政經環境出現多項負面因素,對 2022 年市場出貨形成負面壓力。首先是 2 月爆發的俄烏戰爭仍持續至今,除直接造成品牌廠商減少出貨至該地區的產品數量外,影響更大的是刺激能源與大宗商品價

格上漲，使得通貨膨脹壓力上升，也讓許多國際組織陸續調降全球 GDP 的成長率，間接影響企業資訊設備的支出意願，並調降對桌機產品的採購意願。

再者，在疫情部分，Omicron 變種病毒的高傳播性，使得全球確診病例統計至 3 月底，已經超過 4.8 億人，相較 2021 年 12 月中的 2.7 億確診病例數，成長率超過 8 成；然從死亡率的角度觀察，則由 2021 年 12 月的 1.98%下滑至 3 月底的 1.28%，致死率相對較低且多數確診病例症狀皆為輕症反應，故多數國家選擇與病毒共存，以類流感方式因應，此方式有助於提高企業回歸實體上班、增進商用市場銷售狀況。

在市場需求部分，2022 年除了有 CPU 與 GPU 產品規格的提升之外，主要的驅動力還是來自電競遊戲市場需求的帶動。2022 年將會推出多款 3A 遊戲大作吸引玩家的目光。且從 2021 年第四季推出的《極限競速：地平線 5》（Forza Horizon 5）以及 2022 幾款較受關注的遊戲，都可以看到這些遊戲對桌機系統規格的標準提高。以《極限競速：地平線 5》為例，過去賽車遊戲較不強調高效能，但這次此款遊戲在繪圖卡建議要求為 GTX 1070，而理想要求則是到達 RTX 3080 的高規格，部分原因是此代遊戲支援光線追蹤（以下簡稱光追）功能，而光追則需要更優異的 GPU 進行運作。隨著具有光追功能的遊戲將陸續於 2022 年推出，遊戲玩家為了獲得完整的遊戲體驗將會更新裝置，進而帶動桌機之成長。

2. 全球筆記型電腦市場未來展望

展望 2022 年全球筆記型電腦市場表現，伴隨各國與疫情共存的政策實施，因應遠距教學的教育標案將有所收斂，居家娛樂帶動的宅經濟效應也將趨緩。然而，企業回歸辦公室帶動的商用筆電需求，以及在筆電效能成長下電競筆電市場的提升，再加上過去一年半裡因為零組件缺料而無法滿足的訂單及通路庫存水位的回補等，讓整體筆電需求不至於因為疫情解封後消費性市場及教育市場的減弱，出現懸崖式衰退的狀況。

此外，處理器大廠 Intel、AMD 在年初 CES 展會中持續推出全新架構產品，NVIDIA 亦將中高階顯卡帶入筆電市場之中，預期相關新處理器的推出不僅將搶占消費者目光，更有望為筆電市場注入新的活水。

然而，雖然隨著上游半導體產能的緩步擴充，以及品牌廠商多元料件驗證的陸續發酵，讓自 2020 下半年起零組件的缺料狀況逐漸舒緩。但自 2022 年 2 月開打的俄烏戰事又為供應端的原物料供給增添了不確定性，3 月中之後，中國大陸疫情的快速蔓延，迫使不少城市陸續宣布不同程度的封城禁令，在戰爭干擾及疫情迫使經濟活動降低等情況下，加劇了通貨膨脹的壓力，成為阻礙企業及消費者購買力道的一大隱憂。

3. 全球伺服器市場未來展望

展望 2022 年全球伺服器市場，由雲端服務商主導來建造的超大型資料中心（Hyperscale Data Center）仍將成為全球伺服器市場的驅動力，雲端服務商不斷提升資本支出（Capex）並且提出資料中心建置計畫。此外，如 Equinix、Digital Reality 等全球資料中心託管商，正在透過併購與合資的方式，在全球進行更廣泛的投資。在供給端，全球晶片缺料狀況有望於下半年出現緩解，屆時將可望讓積壓的訂單完成交付，使得全球伺服器出貨量上升。

此外，全球伺服器市場的脈動與伺服器中央處理器（Central Processing Unit, CPU）的推出息息相關。從主流的 x86 架構觀察，2022 年 6 月，Intel 正式宣布 Eagle Stream 平台的 Sapphire Rapids 在 2022 年第一季進入量產階段，採用 Intel 7 製程，預期最高核心數可達 56 核，支援 DDR5 與 PCIe 5.0。Intel 希望憑藉新的產品來減緩市占率的下滑。AMD 的第四代 EPYC 代號「Geona」的處理器預計在 2022 年下半年才會推出，Sapphire Rapids 能否搶回市場值得關注。除此之外，Intel 在更新的產品發展藍圖中提到 2024 年將推出 Sierra Forest 產品，以 E-core 為基礎採用 Intel 3 製程，提供雲端運算特化。此產品將與 AMD 於 2021 年 11 月推出的 Milan-x 產品及預估 2023 年推出的 Bergamo 產品進行競爭。

從非 x86 架構觀察，Arm 架構生態圈逐漸發展成熟，AWS 推出 Arm 架構 Graviton 3 處理器，並擴大在資料中心的採用率；NVIDIA 則將於 2023 年推出基於 Arm 架構的 Grace 處理器，聚焦於 AI 與高效能運算市場；新創處理器廠商 Ampere 則是透過 Arm 架構 Altra 系列處理器，與雲端服務商進行合作搶占市場，除了既有客戶 Oracle、浪潮之外，Microsoft 亦開始與 Ampere 積極合作，在自身資料中心部署搭載 Ampere 處理器的伺服器。

值得關注的是，全球對於數據安全性及主權意識更加重視，由德國及法國發起之以歐盟資料中心基礎建設為目標之 GAIA-X，提倡主權雲的概念。希望資料中心的建造主要由當地託管商、電信業者組成，預計至 2023 年、2024 年使歐盟當地資料中心數量增加，帶動全球伺服器市場。另一方面，中國大陸開始注重「智算中心」的建造，於 2022 年共有 18 個城市開啟相關建造，預期在 2023 年、2024 年將出現大量搭配 AI 伺服器的智算中心，並連帶使 GPU、DPU、ASIC、FPGA 等加速晶片市場蓬勃發展。

4. 全球主機板市場未來展望

展望 2022 年，全球主機板出貨量約 9,372 萬片，年衰退率 3.3%。經過 2021 年的正向成長之後，市場主要品牌與通路業者對於 2022 年的整體出貨表現，本就沒有抱持樂觀態度，「持平」幾乎是大多數廠商的營運目標。然從 2 月開始的俄烏戰爭，3 月中開始的中國大陸封城停工等事件，陸續傳出，不僅直接影響歐洲市場的出貨表現，對於全球經濟成長與通貨膨脹等，都產生巨大影響。至於中國大陸城市封城、停工事件，雖說是短期之內（停工 5-7 天），因廠商工廠內部仍有零組件庫存，維持生產仍不是問題，若停工期限超過一週甚至延長至一個月，廠商則將解決零組件及原物料如何進貨的問題，對上半年的產能調配，都將是一個考驗。甚至出貨物流的作業人力如何處理、衍生物流成本如何調整等問題，都將對 2022 年的市場出貨造成衝擊。

從 2022 年的新產品觀察，Intel、AMD 與 NVIDIA 都規劃於 2022 年下半年推出新產品，在 CPU 部分有 Intel 第 13 代處理器（採取 Intel

7 製程與混合架構設計，代號為 Raptor Lake），以及超微 Ryzen 7000 系列 DT 處理器（採 AMD Zen4 微架構與台積電 5 奈米製程，代號為 Raphael）的規劃。在 GPU 部分，則有 Intel 已發表的 Arc GPU、AMD 採用 RDNA 3 架構的 Radeon 7000 系列，以及 NVIDIA 的 RTX 4000 系列，都陸續在 2022 年上市，新品效應雖然已逐年遞減，但對注重高效能運算的 DIY 市場用戶，仍是一個市場成長機會點。

二、臺灣資訊硬體產業展望

（一）臺灣資訊硬體產業未來展望總論

臺灣資訊硬體產品仍以筆記型電腦、桌上型電腦、伺服器、主機板為主。2022 年臺灣筆記型電腦產值之全球市占率預估將下降 1.6% 至 78.3%、2022 年臺灣桌上型電腦產值之全球市占率預估將上升 0.5% 至 32.4%、2022 年臺灣伺服器產值之全球市占率預估將上升 0.8% 至 24.4%、2022 年臺灣主機板產值之全球市占率預估將降低 1.1% 至 86.9%，顯示出臺灣資訊硬體產業仍扮演全球供應鏈的重要角色，惟須注意部分產業因中國大陸等代工廠出現，在產值占比形成微幅下滑的現象。

進一步觀察 2022 年度資訊硬體產業之產值變化，在 2022 年初的俄烏戰爭與中國大陸封控的影響下，對於資訊硬體生產將造成部分影響。此外筆電在歷經 2021 年的大幅度成長後，預期 2022 年因各國實施共存政策，對於教育筆電需求減緩整體產量下滑。因此預估臺灣資訊硬體產業總產值將從 2021 年的 158,360 百萬美元，降低 1.2% 至 156,460 百萬美元。

（二）臺灣資訊硬體個別產業未來展望

1. 臺灣桌上型電腦產業未來展望

臺灣桌上型電腦產業以代工為主，由於桌機以商用市場為重，商用產品在規格與穩定度要求相對較高，臺灣桌機代工廠商因擁有技術領先、高品質、經濟規模等多項優勢，至今仍是各大品牌商首選的代工夥伴，尤其高階商用型電腦更幾乎委由臺廠生產製造。

展望未來，2022 年 2 月開始的俄烏戰爭，除直接對歐洲市場的產品購買需求造成衝擊，大宗商品與能源價格的攀升更是對企業資本支出與消費者信心指數造成影響，迫使品牌廠商在第一季陸續調降出貨訂單，也讓臺灣產業第一季出貨表現不若預期。

此外三月開始受到 Omicron 疫情衝擊，中國大陸實施「動態清零」政策，對華南及華中地區的部分城市採取封城管制措施，影響臺灣代工廠商在中國大陸的生產狀況，雖然第二季本就是市場淡季，對整年生產數量影響有限，預計 2022 年整年出貨約為 43,794 千台，相較 2021 年衰退 1.4%。

2. 臺灣筆記型電腦產業未來展望

臺灣筆記型電腦產業長期以 OEM/ODM 代工形式為主，憑藉優異的上下游供應鏈優勢，以及與品牌客戶間多年的合作關係，在全球筆電出貨占據重要地位，尤其在近兩年零組件短缺的情況下，臺灣筆電代工產業相對優異的料件取得能力，獲得品牌廠的認同，也因而讓中國大陸自製比率提升的速度有所減緩。

此外，伴隨各國疫苗接種率的逐步提升，各國針對 COVID-19 疫情的藥物及療法持續進步，不少國家逐步解除防疫限制，讓過去因為宅經濟效應而提升的筆電需求有所消退，回歸校園上課也讓先前為因應遠距教學的教育標案需求減弱，使得教育筆電需求自 2021 下半年起大幅降低。

所幸，為彈性因應疫情帶來的突發性隔離、封城等狀況，企業更傾向為員工配置筆電產品，以便員工具備彈性的行動能力，再加上近年來筆電效能的逐步提升，都讓過去以桌機為主的商用環境，部分改採用筆電進行辦公，使得疫情後的混合式辦公型態得以持續，使 2022 年商務筆電機種成為主要成長動能。

電競產品部分，全球遊戲市場蓬勃發展帶動電競筆電需求，電競筆電效能的大幅提升，加上近年品牌廠及處理器廠商針對散熱、功耗等使用體驗的優化，如 Intel 及 AMD 相繼在電競市場推出架構更新、

搭載內顯的處理器,讓電競市場玩家不再以桌機為唯一的採購選項,使得電競筆電的需求得以在疫情後維持強勁成長動能。

值得注意的是,原預期隨著疫情解封,全球經濟將會全面性復甦,有望恢復至疫情前的經濟與市場狀況,然而,地緣政治戰爭衝擊經濟表現,能源供應受阻及成本攀升等狀況,加劇通貨膨脹壓力,讓民眾對於非民生用品的消費力道降低。

此外,受到中國大陸採取清零政策的影響,自 2022 年 3 月起,中國大陸多個城市陸續宣布封閉式管理政策,各地區不同程度的封城及停工禁令,讓臺灣筆電代工產業廠商在生產製造、原物料供給及成品出貨等不同流程,受到阻礙。尤其作為臺灣筆電產業廠商重要生產據點及物流運輸通道的昆山及上海,封閉式管理的日程較長,使得生產端長短料狀況更顯緊張,不僅出現因物流的不順暢,造成相關料件短缺,而使終端產品難以成套的狀況再度發生,同時,不少廠商在原物料庫存用盡的狀況下,更只能採取停工的方式做為因應。

總體政治經濟的影響,讓 2022 年筆電產業展望蒙上一層不確定的陰影,2021 年第四季在各家品牌廠及 ODM 廠商的積極追料下,大幅度提升了筆電的出貨,也使得原先預期通路庫存回補的需求提前至 2021 年下半年發酵,影響了 2022 年筆電產業的表現。

3. 臺灣伺服器產業未來展望

展望 2022 年,從供給端而言,當前料況在 HDD、SSD、DRAM 等記憶體方面出貨較為穩定,在線材及機構件方面料況也出現改善。此外,在全球晶片持續擴產且伺服器因價格高順為優先的情形下,伺服器 IC 缺料情形有望微幅改善,然而相較於去年以 PMIC 為主的缺料,在網路晶片與網路卡(LAN Card)方面則出現交期延長的狀況。

從需求端而言,雲端服務的提供範圍持續擴大,企業端視訊會議、工作系統以及雲端資料庫等應用增加,消費者端對於社群媒體、影片串流、雲端遊戲等需求增加,均促使雲端服務業者擴大資本支出,並購入更多伺服器來新建資料中心。

此外，為因應美中科技戰的影響，各伺服器業者均紛紛開始調整生產地點，預期 2022 年將會加速進展。主要原因在於歐美客戶要求產品避免使用中國大陸的零組件，因此如果要符合需求就必須於其它地點設廠。在伺服器需求不斷提升的狀況下，當前各家廠商正積極擴充伺服器產能，擴廠地點方面傾向選擇臺灣、東南亞（馬來西亞、泰國）、歐洲（捷克）及美洲（墨西哥）。在臺灣及東南亞多以主機板 SMT 產線為主，而歐美更偏向客戶端因此以組裝廠為主。

值得關注的是，當前國際間的兩大議題，莫過於俄烏戰爭及中國大陸「清零政策」而出現的封城措施。俄烏戰爭儘管對於伺服器出貨沒有直接影響，然而長期對峙導致全球通貨膨脹、原物料價格上漲，亦影響到伺服器上游廠商之毛利。另一方面，中國大陸上海、昆山等地封城仍影響到當地 ODM 廠之產能。儘管當前仍具備一定庫存水位，然而進出貨受到嚴格限制，將影響整體生產排程。惟伺服器 ODM 於中國大陸之代工廠，以提供當地客戶為主，生產歐美客戶伺服器之產品線，已移回臺灣或移至東南亞、墨西哥及東歐等地，因此對於出貨影響較小。

綜上所述，預期臺灣 2022 年伺服器系統及準系統出貨表現將較 2021 年成長 9.3%，出貨約達 5,242 千台。主機板出貨表現將較 2021 年成長 9.5%，出貨約達 6,120 千片。

4. 臺灣主機板產業未來展望

全球主機板之區域排名，臺灣長年位居首位，產量在全球市占比重約達八成以上，因主機板品質控管能力佳，故國際PC品牌大廠與臺灣主機板廠商長期保持穩定合作。純主機板比重占臺廠出貨量四成左右，主要客群為PC DIY用戶，雖然近年來消費者會自行組裝電腦的比例越趨減少，但因為2022年處理器廠商規劃推出新款產品，加上有多款3A遊戲大作推出，都將帶動整體主機板的市場表現與臺灣廠商之出貨狀況。

臺灣主機板自有品牌大廠包含華碩、技嘉及微星等，受惠於疫情期間在電競及PC DIY使用者的需求增加下，刺激消費者購買主機板

第六章　未來展望

意願，其中的電競主機板因為屬於高階產品，將有利於臺灣主機板廠商的毛利提高。

展望2022年，臺灣主機板出貨量預期較前一年衰退2.3%，達76.3百萬片。分析下滑的主要原因，首先是因為疫情的變化，Omicron變種病毒持續影響全球，部分國家或地區再度祭出封城禁令，如中國大陸在第一季陸續在深圳、上海與昆山等地區傳出封城禁令，對主機板製造造成影響；此外宅經濟效果的降溫仍是大勢所趨，減緩PC DIY市場的消費力道，影響純主機板的出貨表現。

在新產品動能部分，首先是顯示卡和處理器新品陸續推出上市，如NVIDIA發表RTX 3090 Ti和3050系列產品線，AMD推出全新Radeon RX 6500 XT和RX 6400顯示卡，Intel則是在CES 2022上亮相了Arc獨立顯示卡。處理器方面，Intel於2021年第四季發表第十二代桌上型處理器，搭載全新的600系列晶片組，CPU Socket由上一代LGA-1200改為LGA-1700，對欲享受新處理器效能的使用者，則需換購新的主機板，對2022年主機板市場換機需求是有利因素。此外在零組件供貨不足、全球運費高漲等因素下，預期主機板ASP將持續提升，進而帶動臺灣產業的產值表現。

附錄

一、範疇定義

(一) 研究範疇

研究項目	研究範疇
資訊硬體產業	資訊硬體產業範疇，主要以資訊硬體產品及其產業為代表，涵蓋四大產品包括桌上型電腦、筆記型電腦(含迷你筆記型電腦)、伺服器、主機板等
業務型態	臺灣資訊硬體產業產銷調查各產業業務型態包括下列幾種： ● ODM：製造商與客戶合作制定產品規格或依據客戶的規範自行進行產品設計，並於通過客戶認證與接單後進行生產或組裝活動 ● OEM：製造商依據客戶提供的產品規格與製造規範進行生產或組裝活動，不涉及客戶在產品概念、產品設計、品牌經營、銷售及後勤等價值鏈活動 ● OBM：製造商根據自己提出的產品概念進行設計、製造、品牌經營、銷售與後勤等活動
區域市場	本研究調查區域市場範圍如下： ● 北美 (North America)：美國、加拿大 ● 西歐 (West Europe)：奧地利、比利時、瑞士、法國、德國、希臘、義大利、葡萄牙、西班牙、英國、愛爾蘭、荷蘭、丹麥、瑞典、挪威、芬蘭 ● 亞洲 (Asia & Pacific)：日本、中國大陸、不丹、印度、錫金、越南、北韓、泰國、菲律賓、新加坡、尼泊爾、孟加拉、馬來西亞、斯里蘭卡、印度尼西亞 ● 其他地區：中南美洲、除西歐之外歐洲其他國家、大洋洲、非洲、中東

資料來源：資策會 MIC 經濟部 ITIS 研究團隊，2022 年 6 月

（二）產品定義

研究項目	產品定義
桌上型電腦 （Desktop PC）	桌上型電腦係指個人電腦類型之一，研究範圍包括Tower or Desktop、Slim type和AIO PC三類。桌上型電腦的產品出貨型態可區分為全系統和準系統，全系統係指裝置CPU，加上HDD、CD-ROM、DRAM等關鍵零組件，並且安裝作業系統，整機測試等。準系統係指半系統加上主機板或裝置輸入、輸出等元件。另全系統的產值統計僅計算電腦系統本體，不計入液晶監視器與相關周邊如鍵盤、滑鼠等部分。但一體成形式桌上型電腦由於採All-in-One設計，因此將面板價值亦納入統計
筆記型電腦 （Notebook PC）	筆記型電腦為個人電腦之一種形式，相對於桌上型電腦，其係指具可移動特性，且在機構設計上多呈書本開闔型態之個人電腦，研究範圍為螢幕尺寸為7吋以上（包含10.4吋）之筆記型電腦。產品出貨型態可區分為全系統和準系統，全系統係指可直接開機使用之產品。準系統係指完成度高於主機板，但仍缺CPU、HDD或LCD Display等任一關鍵零組件以上之產品
伺服器 （Server）	伺服器係指於製造、行銷及銷售時就已限定作為網路伺服用途之電腦系統，並可在標準的網路作業系統（如Unix、Windows及Linux等）之下運作。伺服器的產品出貨型態可區分為全系統和準系統，全系統係指已安裝主機板、CPU、記憶體、硬碟，可直接開機之伺服器產品。準系統係指不包含CPU、記憶體、硬碟，但已安裝主機板，並可安裝光碟機之伺服器產品
主機板 （Mother Board）	主機板係指應用於桌上型電腦，且其出貨時多半不含CPU或是DRAM之出貨形式，然亦出現少量將CPU或DRAM直接焊接於印刷電路板上之產品，其運作方式與一般主機板相同，因此這類主機板亦列入研究範疇

資料來源：資策會 MIC 經濟部 ITIS 研究團隊，2022 年 6 月

二、資訊硬體產業重要大事紀

時間	重大事件
2021 年 1 月	● 美國成立國家人工智慧倡議辦公室以確保在 AI 領域領先地位 ● 中國大陸建成全球首個星地量子通訊網絡，可抵禦目前所有已知攻擊方案
2021 年 2 月	● 澳洲立法要求科技巨頭為新聞內容付費給當地新聞媒體，Facebook 大動作反擊，封鎖澳洲媒體新聞 ● 日本國土交通省公布基礎建設之數位轉型政策
2021 年 3 月	● Intel 與美國國防部簽訂協議，採 10 奈米製程打造 ASIC 軍用晶片 ● 歐盟擬「數位羅盤計畫」，力拼 2030 年全球晶片產量占 20% ● Intel 宣布執行垂直整合模式 IDM2.0 策略
2021 年 4 月	● NVIDIA 宣布將於 2023 年推出基於 Arm 架構代號 Grace 的 CPU ● 微軟宣布花費 197 億美元併購人工智慧及語音技術公司 Nuance ● 德國通過通訊安全新法，排除華為參與 5G 網路建設
2021 年 5 月	● Intel 將在以色列投資 6 億美元擴大研發、100 億美元興建晶片廠 ● 歐盟計劃在半導體等 6 個戰略領域，減少對中國供應商的依賴
2021 年 6 月	● 微軟發表最新作業系統 Windows 11，為相隔六年推出的大改版 ● IBM 在德國建置歐洲首台量子電腦，進行新材料開發、AI 運算 ● 美國通過《美國創新與競爭法》，撥款 520 億美元扶植本土半導體
2021 年 7 月	● 中國大陸工信部發布《新型數據中心發展三年行動計畫（2021-2023 年）》 ● 貝佐斯正式卸任亞馬遜 CEO 由安迪·賈西接任
2021 年 8 月	● AWS 違反歐盟個資保護法，遭隱私監管機構罰款 7.46 億歐元
2021 年 9 月	● 歐盟提出《歐洲晶片法案》(European Chips Act)，以建立先進晶片生態系統為目標 ● 中國大陸《數據安全法》正式開始執行 ● 中國大陸加強限電措施，影響資通訊硬體出貨
2021 年 10 月	● Facebook 更名為「Meta」，並以虛擬實境、元宇宙為發展目標 ● 蘋果發布基於 Arm 架構自研晶片 M1 Max、M1 Pro
2021 年 11 月	● 華為無法取得 Intel、AMD 處理器，出售 x86 伺服器業務 ● AMD 推出代號「Milan-x」的伺服器處理器 ● 於南非發現 COVID-19 Omicron 變種病毒
2021 年 12 月	● AWS 發表基於 Arm 架構的自研晶片 Graviton3

資料來源：資策會 MIC 經濟部 ITIS 研究團隊，2022 年 6 月

三、中英文專有名詞縮語／略語對照表

英文縮寫	英文全名	中文名稱
AIO PC	All-in-One PC	一體成型電腦
AMD	Advanced Micro Devices	超微半導體
AMOLED	Active-Matrix Organic Light-Emitting Diode	主動矩陣有機發光二極體
ASP	Average Selling Price	平均銷售單價
CMOS	Complementary Metal-Oxide-Semiconductor	互補式金屬氧化物半導體
CPU	Central Processing Unit	中央處理器
DRAM	Dynamic Random Access Memory	動態隨機存取存儲器
DSLR	Digital Single Lens Reflex Camera	數位單眼相機
EC2	Elastic Compute Cloud	彈性雲端運算
EIU	Economist Intelligence Unit	英國經濟學人智庫
EMS	Electronic Manufacturing Service	電子製造服務
GDP	Gross Domestic Product	國內生產毛額
GNP	Gross National Product	國民生產毛額
GPS	Global Positioning System	全球衛星定位系統
IGZO	Indium Gallium Zinc Oxide	氧化銦鎵鋅
IMF	International Monetary Fund	國際貨幣基金組織
IT	Information Technology	資訊科技
ITIS	Industry & Technology Intelligence Service	產業技術知識服務計畫
LCD	Liquid Crystal Display	液晶顯示器
LTE	Long Term Evolution	長期演進技術
LTPS	Low Temperature Poly-Silicon	低溫多晶矽液晶顯示器
M1B	Monetary Aggregate M1B	貨幣總計數 M1B
M2	Monetary Aggregate M2	貨幣總計數 M2
MILC	Mirrorless Interchangeable Lens Camera	無反光鏡可換鏡頭相機
NFC	Near Field Communication	近距離無線通訊
OBM	Original Brand Manufacturing	自有品牌
ODM	Original Design Manufacturing	原廠設計製造商

英文縮寫	英文全名	中文名稱
OECD	Organization for Economic Cooperation and Development	經濟合作暨發展組織
OEM	Original Equipment Manufacturing	原廠設備製造商
PC	Personal Computer	個人電腦
TDP	Thermal Design Power	散熱設計功率
WB	World Bank	世界銀行

資料來源：資策會 MIC 經濟部 ITIS 研究團隊，2022 年 6 月

四、參考資料

（一）參考文獻

1. 2021 資訊硬體產業年鑑，經濟部技術處，2021 年

（二）其他相關網址

1. 國際貨幣基金組織，https://www.imf.org/external/index.htm
2. 經濟學人智庫，https://www.eiu.com/n/
3. 行政院主計總處，https://www.dgbas.gov.tw/
4. 經濟部統計處，https://www.moea.gov.tw/
5. 財政部統計處，https://www.mof.gov.tw/
6. 經濟部投資審議委員會，https://www.moeaic.gov.tw/
7. 中央銀行，https://www.cbc.gov.tw/
8. Microsoft，https://www.microsoft.com/
9. Google，https://www.google.com/
10. NVIDIA，https://www.nvidia.com/
11. Intel，https://www.intel.com.tw/
12. Dell，https://www.dell.com.tw/
13. 聯想，https://www.lenovo.com/
14. 華為，https://consumer.huawei.com/
15. 研華，http://www.advantech.tw/
16. 凌華，https://www.adlinktech.com/

國家圖書館出版品預行編目資料

資訊硬體產業年鑑. 2022/魏傳虔,陳牧風,黃馨等作. -- 初版. -- 臺北市：財團法人資訊工業策進會產業情報研究所出版：經濟部技術處發行, 民111.08　面；　公分
ISBN　978-957-581-874-6(平裝)

1.CST: 電腦資訊業　2.CST: 年鑑

484.67058　　　　　　　　　　　　　　　　　111011354

書　　名：2022 資訊硬體產業年鑑
發 行 人：經濟部技術處
　　　　　台北市福州街 15 號
　　　　　http://www.moea.gov.tw
　　　　　02-23212200
出版單位：財團法人資訊工業策進會產業情報研究所（MIC）
地　　址：臺北市敦化南路二段 216 號 19 樓
網　　址：http://mic.iii.org.tw
電　　話：(02)2735-6070
編　　者：2022 資訊硬體產業年鑑編纂小組
作　　者：魏傳虔、黃馨、黃家怡、陳牧風、施柏榮、陳子昂、許加政
其他類型版本說明：本書同時登載於 ITIS 智網網站，網址為 http://www.itis.org.tw
出版日期：中華民國 111 年 8 月
版　　次：初版
售　　價：紙本－新臺幣 6,000 元；電子檔－新臺幣 6,000 元整
展 售 處：ITIS 出版品銷售中心/台北市八德路三段 2 號 5 樓／02-25762008／http://books.tca.org.tw
ISBN：978-957-581-874-6（紙本）；978-957-581-880-7（PDF）
著作權利管理資訊：財團法人資訊工業策進會產業情報研究所（MIC）保有所有權利。欲利用本書全部或部分內容者，須徵求出版單位同意或書面授權。
聯絡資訊： ITIS 智網會員服務專線 (02)2732-6517

著作權所有，請勿翻印，轉載或引用需經本單位同意

Information Industry Yearbook 2022

Compiled by：Chung-Chien Wei, Hsin Huang, Chia-I Huang, Mu-Feng Chen, Po-Jung Shih, Tzu-Ang Chen, Chia-Cheng Hsu

Published in September 2022 by the Market Intelligence & Consulting Institute.（MIC）, Institute for Information Industry

Address : 19F., No.216, Sec. 2, Dunhua S. Rd., Taipei City 106, Taiwan, R.O.C.

Web Site : http://mic.iii.org.tw

Tel :（02）2735-6070

Publication authorized by the Department of Industrial Technology, Ministry of Economic Affairs

First edition

Price : hard copy NT$6,000；electronic copy NT$6,000

Retail Center : Taipei Computer Association

        Web Site : http://books.tca.org.tw

        Address : 5F., No. 2, Sec. 3, Bade Rd., Taipei City 105, Taiwan, R.O.C.

        Tel :（02）2576-2008

All rights reserved. Reproduction of this publication without prior written permission is forbidden.

ISBN：978-957-581-874-6（hard copy）; 978-957-581-880-7（PDF）